SERENDIPIA

ensayos sobre ciencia, medicina y otros sueños

por

RUY PÉREZ TAMAYO

siglo
veintiuno
editores

MÉXICO
ESPAÑA
ARGENTINA
COLOMBIA

siglo veintiuno editores, sa de cv
CERRO DEL AGUA 248, DELEGACIÓN COYOACÁN, 04310 MÉXICO, D.F.

siglo veintiuno de españa editores, sa
CALLE PLAZA 5, 28043 MADRID, ESPAÑA

siglo veintiuno argentina editores

siglo veintiuno editores de colombia, ltda
CARRERA 14 NÚM. 80-44, BOGOTÁ, D.E., COLOMBIA

portada de anhelo hernández

primera edición, 1980
cuarta edición, 1990
© siglo xxi editores, s.a. de c.v.
isbn 968-23-0564-0

derechos reservados conforme a la ley
impreso y hecho en méxico/printed and made in mexico

ÍNDICE

PRÓLOGO — 7

PRIMERA PARTE

1. MEDICINA, CIENCIA Y ARTE — 11

2. CIENCIA Y RELIGIÓN — 30
   I. Introducción, 30; II. Definiciones de ciencia y religión, 31; III. Galileo y la Iglesia, 38; IV. La tragedia, 44; V. Posdata, 53

3. GUIDO MAJNO Y SU LIBRO: *The healing hand. Man and wound in the ancient world* — 56
   I. Introducción, 56; II. Guido Majno, 57; III. The healing hand, 65

4. PROBLEMAS DEL ENFERMO CRÓNICO Y DEL ENFERMO DESAHUCIADO — 82

5. LA MUERTE — 103

6. CONFERENCIA MAGISTRAL — 123

7. SERENDIPIA — 134

SEGUNDA PARTE

8. UN "RASHOMON" MEXICANO — 165

9. LA INVESTIGACIÓN BIOMÉDICA EN MÉXICO: ESPEJISMOS Y REALIDADES — 177
   I. La investigación biomédica, 179; II. La posición oficial: prioridades en la investigación biomédica, 180; III. Prioridades en la investigación biomédica en México, 190

10. MEDICINA ASISTENCIAL E INVESTIGACIÓN BIOMÉDICA: ¿AMIGOS O ENEMIGOS? — 193

11. LA INVESTIGACIÓN EN LA ENSEÑANZA DE LA MEDICINA 211
   I. Introducción, 211; II. La importancia de la importancia, 212; III. Intermezzo realista, 214; IV. La enseñanza de la medicina, 217; V. Papel de la investigación en la enseñanza de la medicina; 220; VI. Investigadores e investigación en la enseñanza de medicina, 222

12. SALUD PARA TODOS 227

PRÓLOGO

Los ensayos y conferencias reunidos en este volumen no pretenden poseer unidad temática, aunque por cierto pudor intelectual sólo he incluido trabajos relacionados con mi profesión. A nadie debe extrañar que un médico mexicano, dedicado a la docencia y a la investigación científica dentro de su especialidad (la Patología, en este caso) escriba y hable sobre su oficio. Tampoco el estilo literario de la colección es homogéneo, ya que mientras los ensayos fueron escritos para ser publicados en libros o revistas con objetivos diversos, las conferencias se prepararon como notas de presentaciones orales. Otra fuente de heterogeneidad del material incluido en este volumen es la variedad de los públicos a quienes fue dirigido: desde eminentes médicos académicos hasta la población en general, para ir desde los más técnicos a los menos profesionales. Siempre he sido consciente de las diferencias en los distintos grupos que (espero) me han concedido su atención; ellas explican en parte el frecuente estilo festivo, la obsesión con algunos temas, el número y tipo de las ilustraciones, y hasta algunas de las inexactitudes que plagan estas páginas. La otra parte de estos excesos se explica porque yo soy así.

El material se ha dividido en dos partes, en un intento de conferirle un esbozo de estructura. En la primera se encuentran los trabajos de contenido menos técnico, que pudieran resultar más atractivos a los lectores no médicos (suponiendo optimistamente que los hubiera). La segunda parte es una colección de escritos y pláticas sobre la investigación biomédica en México, donde se presentan y defienden unas cuantas ideas que, a base de reiteración, pudieran aparecer como obsesivas. Ignoro las razones, si es que existen, que pudieran explicar el orden en que aparecen estos textos; sospecho que así los encontré en mis archivos, que aspiran (con méritos abundantes) a reproducir el caos original.

Algunos escritos contenidos en este volumen han aparecido

previamente en distintas publicaciones, lo que se acredita con detalle en las notas; aquí doy las más cumplidas gracias a los editores y directores correspondientes, que amablemente autorizaron la reproducción del material mencionado. Los artículos que ya han sido publicados se reproducen sin modificación y sin rubor algunos. Los ensayos inéditos y las conferencias se han revisado para esta publicación, eliminando material superfluo o irrelevante, corrigiendo errores, suavizando expresiones y agregando notas y referencias; sin embargo, para bien o para mal, en ningún caso he cambiado ni el contenido ni el estilo de los escritos originales. Espero que lo perdido en propiedad literaria se compense con lo conservado en espontaneidad de expresión.

Es posible, aunque remoto, que algún "desocupado lector" haya leído este prólogo buscando la justificación del autor para publicar estas páginas, algo que conteste a la pregunta, ¿qué objetivo se desea alcanzar en este libro? Lamento que la falta de espacio me impida referirme aquí a tan profunda y grave cuestión. En cambio, confieso que volver a leer y preparar mis revueltas notas para este volumen me han producido ratos muy divertidos, como cuando se encuentra uno con viejos amigos a los que no se ha visto por cierto tiempo. ¿Será demasiado utópico esperar que ese improbable lector se divierta conmigo?

RUY PÉREZ TAMAYO

# PRIMERA PARTE

1. MEDICINA, CIENCIA Y ARTE[1]

La generosa invitación de la Sociedad Médica del Hospital Infantil IMAN para participar en los festejos que conmemoran el mexicanísimo "Día del Médico" me llegó hace unas cuantas semanas, a través de un muy amable e irresistible conducto. Sus palabras fueron (creo que las recuerdo) más o menos como sigue: "Doctor Pérez Tamayo, quiero hacerle una invitación. . ." "¡Acepto!", dije yo rápidamente. "Quisiera invitarlo —me dijo Cecilia— a que nos dé usted una plática sobre el tema que usted escoja, pero que no sea de patología sino de esas cosas que a usted realmente le gustan. . . La Sociedad Médica desea celebrar el próximo 'Día del Médico' no en la forma tradicional sino de manera diferente, con algo que no sea una fiesta sino. . .bueno, usted me entiende, ¿no?" Confieso que mi entusiasmo inicial fue sustituido por una sensación de profundo desamparo. Las cosas que realmente me gustan no son tema habitual de plática, y mucho menos en público. Pero ya había aceptado y después de descartar varias excusas posibles (viajes, compromisos previos, muerte súbita) me convencí de que era imposible echarme para atrás. Mi única salida era interpretar la invitación a mi manera y esperar que la generosidad y la paciencia de ustedes, hipertrofiada por las características festivas de la ocasión, hiciera el milagro de aligerar el traumatismo que representa una hora de perorata esotérica y seudofilosófica.

Armado de las mejores intenciones decidí componer una plática pirateando frases y párrafos de otras muchas que, habiendo resistido la doble prueba del tiempo y la experiencia, me aseguraran por lo menos un mínimo de elocuencia y, quizá, cierta relevancia a la ocasión y al auditorio. Revisé entonces mi extensa colección de grabaciones y manuscritos de discursos de aniver-

---

[1] Conferencia dictada en octubre de 1975, en la Sociedad Médica del IMSSS, y en octubre de 1976, en la Sociedad Médica del Hospital Infantil IMAN (hoy DIF).

sarios, inauguraciones, clausuras, elogios fúnebres, ingresos a la Academia, entrega de premios y, desde luego, Días del Médico, y procedí a escribir mi propio texto original. A pesar de esfuerzos concentrados, no logré llenar ni media página; aquí tienen ustedes los resultados de mi trabajo sinóptico:

Sr. Representante Sustituto del Representante Personal del Delegado Oficial del Ayudante del Subsecretario del C. Lic... (naturalmente, aquí se nombran distintos personajes), Señoras y señores.
 Estamos aquí reunidos para conmemorar este día, dedicado a los verdaderos héroes de nuestro tiempo, que siguiendo su elevada vocación desprecian las vanas riquezas materiales y se entregan por completo a su sagrada tarea, que es el alivio de la Humanidad doliente. Se ha dicho muchas veces que la medicina es una ciencia y que el médico requiere de la sabiduría y el rigor analítico del científico para penetrar en los resquicios más recónditos del cuerpo humano y desde ahí, con la paciencia infinita que requiere la investigación, reparar sus dolencias y malestares...

Al llegar aquí me entraron serias dudas. El resumen no incluía un tema que se había repetido en muchas de mis fuentes de inspiración y que formaba la parte central de algunos de los discursos más aplaudidos de mi colección. Decidí volver a empezar, lo que hice de la manera siguiente:

Sr. Representante Sustituto del Representante Personal del Delegado Oficial del Ayudante del Subsecretario del C. Licenciado... Señoras y señores.
 Estamos aquí reunidos para conmemorar este día, dedicado a los verdaderos héroes de nuestro tiempo, que siguiendo su elevada vocación desprecian las vanas riquezas materiales y se entregan por completo a su sagrada tarea, que es el alivio de la Humanidad doliente. Se ha dicho muchas veces que la medicina es un Arte y que el médico requiere de la sensibilidad fina y sutil del artista para penetrar en los resquicios más recónditos del cuerpo humano y desde ahí, con la compasión infinita que requieren las obras de Arte, reparar sus dolencias y malestares...

En este momento mi perplejidad fue completa. Haciendo a un lado lo chabacano del texto, resulta que los exégetas de la medicina pueden clasificarse claramente en dos grupos: los que la consideran una ciencia, y los que dicen que es un arte. Para seguir redactando mi discurso de conmemoración del "Día del Médico" era necesario tomar partido; yo debía decidir primero si la medicina es ciencia o arte y, con la decisión ya hecha, eliminar todas mis fuentes de información que no estuvieran de acuerdo con ella. Esto me permitiría copiar en forma más coherente los distintos párrafos de elocuencia distinguida y cumplir con mi compromiso. Con objeto de proceder correctamente me dediqué primero a establecer si la medicina es una ciencia, para lo que era necesario tener una idea clara de lo que es la ciencia (la medicina no, porque siendo médico me pareció que ya lo sabía). Consulté entonces lo que me pareció más correcto: El *Diccionario de la Real Academia de la Lengua Española*. Según este augusto volumen:

Ciencia: Conocimiento cierto de las cosas por sus principios y causas. Cuerpo de doctrina metódicamente formado y ordenado, que constituye un ramo particular del saber humano. Saber o erudición, tener mucha o poca ciencia; ser un pozo de ciencia; hombre de ciencia y virtud. —Habilidad, maestría, conjunto de conocimientos en cualquier cosa; la ciencia del caco, del palaciego, del hombre vividor. . .

La verdad es que el significado de la palabra ciencia, según el *Diccionario de la Real Academia de la Lengua Española*, se parece poco a lo que yo entiendo por medicina. Quizá se debe a que consulté un diccionario general, donde no se pueden incluir todos los significados de todos los términos. Revisé entonces el *Diccionario de terminología médica* de Dorland, pero por más esfuerzo que hice no logré encontrar la palabra ciencia. Pregunté a algunos de mis amigos médicos sobre su concepto de lo que es la ciencia, y los pocos que me tomaron lo suficientemente en serio para contestarme me dijeron: "Es el sentido común sistematizado", o bien "Es el arte de averiguar la verdad". Preocupado, decidí leer libros donde los científicos dicen lo que es la ciencia, y después de varios días de trabajo fecundo pero no muy creador, llegué a la conclusión de que para los científicos la palabra ciencia quiere decir una de las siguientes 5 cosas:

1] El estudio de las leyes naturales.
2] La aplicación de ciertas reglas de procedimientos e investigación.
3] Las instituciones sociales donde se llevan a cabo las investigaciones.

4] El conjunto de conocimientos obtenidos por los procedimientos específicos.

5] Ciencia, tecnología y desarrollo; ciencia "pura" y "aplicada".

Entonces se me ocurrió algo que me pareció muy inteligente: ¿por qué no hacer una encuesta sobre lo que significa la palabra "ciencia" para un grupo representativo de la población mexicana? De esa manera conocería yo el significado popular del término, y apoyando mi síntesis en un riguroso análisis estadístico, con fórmulas ininteligibles, podría compararlo con lo que es la medicina y saber, de manera definitiva, si la medicina es una ciencia. Entusiasmado con mi idea escribí una carta a un grupo numeroso de personas de ambos sexos y con muy diferentes ocupaciones, edades y niveles de escolaridad. El texto de mi carta fue el siguiente:

Estimado(a) amigo(a): Soy un joven estudiante universitario de ciencias sociales; he terminado mis estudios y estoy elaborando mi tesis profesional. Para completarla necesito de su ayuda, no económica sino simplemente de unos cuantos minutos de su tiempo. ¿Sería usted tan amable de contestarme, en un espacio no mayor de una página, la siguiente pregunta?

Para usted, ¿qué es la ciencia?

Incluyo un sobre timbrado con mi dirección y de antemano le agradezco la atención que se sirva prestar a la presente.

Atentamente.

Firmé la carta con mi seudónimo favorito, Cupertino Rojas, que ahora más que nunca me pareció sugestivo de un jóven estudiante universitario de ciencias sociales. Confieso que no recibí muchas respuestas, por lo que no aconsejaría este procedimiento como el más efectivo para obtener material de tesis profesionales. Sin embargo, mis escasos corresponsales no sólo me proporcionaron una gran variedad de opiniones sino también muchas sorpresas. A continuación me permito compartir con ustedes una selección de las respuestas, respetando al máximo los textos originales, que he clasificado en 4 grupos. Por razones obvias he mantenido incógnitos los nombres de las personas que generosamente respondieron a mi encuesta.

El primer grupo es la *Ciencia como Magia*:

A] La siensia es algo marabilloso que ha servido para toda la umanidad y con sus descubrimientos nos da salud y felisidad, como la penisilina y otras medicinas que curan muchas enfermedades incurables y ahora ya mero van a curar el canser y otros asotes. Tamvien hase máquinas que piensan (que se llaman las computadoras) que son como el serebro aunque la verdad no son porque el serebro es algo muy complicado y difícil de entender pero de todos modos se paresen mucho y tamvien an permitido que el Hombre biaje a la LUna y otros planetas o sea la conquista del Espacio. Por eso y otras rasones pienso que la siensia puede hacer milagros y tamvien la tele que sirbe para dar educación y cultura al pueblo como dijo un día el Señor savludonscki (no sé como se escrive su nombre pero) y espero joben estudiante que estas brebes lineas le sirban para que acave sus estudios y sea ombre de vien para México y tanvien sea sientífico.

Su Atta. y Segura Serbidora de Usted. [Sirvienta, 23 años, Colonia Polanco, D.F.]

b] ¿Qué es la Ciencia? Pregunta harto difícil pero al mismo tiempo interesante y de gran actualidad. Siempre dije a mis alumnos que la ciencia era la llave con que podemos abrir el Mundo de las Maravillas. Es como el telescopio, que nos revela la belleza infinita del Universo. Es la Magia del hombre Moderno, que como el Mago Mandrake puede transformar con un solo gesto un gato en un tigre. Cuando yo era joven había un Mago en México al que llamaban Fu Manchú, y yo llevé a mis alumnos varias veces al teatro para que lo vieran porque para mí era como un Gran Científico, siempre haciendo cosas imposibles. Así el Científico Moderno ha logrado que el hombre conquiste el espacio y se transforme en el verdadero Superman, como si dijéramos el Príncipe Valiente del Espacio. También dije a mis alumnos que gracias a la Ciencia tenemos salud, como el descubrimiento del gran Fleming, la penicilina. Y hace poco he leido en los periódicos de los transplantes de corazón que hace un científico en Sudáfrica, y también que la curación del cáncer es casi un hecho. Para contestar su pregunta en una sola frase, como dije a mis alumnos, ¡la Ciencia es la Octava Maravilla del Universo!

Atentamente. [Profesor normalista retirado, 73 años, Unidad Habitacional Tlatelolco, D.F.]

c] Con la autorización de mis superiores contesto a tu pregunta, ¿qué es la ciencia?, esperando que mi respuesta te ayude a terminar tus estudios y a encaminar tu vida por el sendero del bien, para mayor Gloria de Dios. La Ciencia es un instrumento que Dios ha puesto en las manos de los hombres para permitirles conocer las maravillas de su creación, el Universo. En su Infinita Bondad, el Creador nos deja ver destellos fugaces de su Poder Absoluto, que para nosotros son los triunfos de la ciencia; por ejemplo, el descubrimiento de la estructura del ácido desoxirribonucleico, que como dijo Salvador Dalí, es una prueba definitiva de la existencia de Dios. Por desgracia, grandes herejías se han propuesto en el nombre de la ciencia, como la llamada teoría de la evolución, que se opone terca y ciegamente a la Verdad Evangélica de la Creación; otras veces, un triunfo de la ciencia como la llegada del hombre a la Luna, ha servido para que muchos olviden la humildad cristiana y sean presas de una arrogancia hereje que los hace sentirse iguales a Dios. Es cierto que la ciencia parece tener poderes mágicos y que cada vez con mayor frecuencia estamos oyendo de nuevos descubrimientos y avances sensacionales, pero ¿qué representan frente a la Sabiduría infinita del Señor?

Tu hermano en Cristo. [Seminarista, 30 años, CUC, D.F.]

El segundo grupo de respuestas caracteriza a *la Ciencia como Arte:*

A] La Ciencia es una de las máximas creaciones del espíritu humano. Como el Arte, la Ciencia representa la expresión de lo mejor que tenemos, de lo que se despierta cuando, habiendo cubierto ya las exigencias de nuestra fisiología humana, tocamos esas cuerdas íntimas y casi totalmente desconocidas que todos tenemos y nuestro espíritu se lanza al infinito, con la actitud de juego alegre que describiera Platón como necesaria para la creación científica. La Ciencia como tal, la búsqueda de la Verdad, es un valor en sí misma y no necesita otra justificación. La Ciencia no es el nombre de una ocupación profesional, sino el nombre de una Pasión.

Atentamente: [Profesor de Geometría, 60 años, UNAM.]

B] La Ciencia es lo que hacemos los científicos cuando estamos trabajando en nuestros laboratorios. Esta definición fue dada hace años por Rosenblueth, y su tono ligeramente cínico se compensa por su estricta adherencia a la realidad. Desde luego, hay varios tipos de ciencias, según la naturaleza de los problemas que estudia cada una, que a su vez determinan los métodos que se utilizan en cada caso. Pero todas las ciencias tienen algo en común: tratan de construir una imagen objetiva y verificable de un sector de la Naturaleza. La Ciencia se distingue del Arte en que es acumulativa, mientras que el Arte es individual y único; otra diferencia es que el criterio para juzgar un pronunciamiento científico es su grado de concordancia con la realidad que pretende describir, mientras que para juzgar una obra de Arte el criterio es la magnitud y la calidad de la emoción estética que sentimos frente a ella. Pero aparte de estas diferencias, tanto la ciencia como el Arte son actividades creativas y como tales no necesitan otras justificaciones como su capacidad (en el caso de la Ciencia) para resolver problemas concretos o (en el caso del Arte) para aumentar la fortuna personal de los coleccionistas.

Atentamente: [Investigador, 38 años, CIEA-IPN, D. F.]

C] La ciencia es la forma como el Hombre trata de satisfacer su imperiosa necesidad de conocer la Realidad. Frente a ella, el Hombre adopta varias actitudes: la utilitaria, que le permite aprovechar muchas cosas de la Naturaleza para su superviviencia y su comodidad; la admirativa, que lo deja pasmado frente a su complejidad maravillosa e impenetrable; la amorosa, que lo liga emocionalmente a la belleza de los lagos, a la dulzura del atardecer, al perfume de las flores... Pero aunque la use, la admire y la ame, hay algo más que el Hombre necesita hacer con la Naturaleza: comprenderla. Aristóteles dijo: "Por su esencia, todos los hombres desean saber." Cuando el Hombre canaliza este deseo esencial de conocimiento de la Realidad, es cuando hace Ciencia...

Reciba un saludo de su servidor más obediente: [El Viejo Alquimista, edad y dirección actual desconocidas].

El tercer grupo se refirió a la *Ciencia como Factor de Desarrollo:*

A] Como dijo el Señor Presidente "La era en que vivimos está condicionada por el avance científico y tecnológico. Muchas regiones son pobres, aunque poseen cuantiosas materias primas, porque carecen de conocimientos y capital para transformarlas... El colonialismo científico agudiza las diferencias entre los países y prolonga sistemas de sujeción internacional... Cobra así nueva vigencia un antiguo principio, según el cual, se es libre por el saber... Busquemos, donde se encuentren, las técnicas que demanda la aceleración del progreso. Para discernir su verdadera utilidad, para inovar por nosostros mismos, intensifiquemos una capacidad científica propia". Es decir, la Ciencia es un instrumento de progreso y desarrollo, metas que los gobiernos revolucionarios desean alcanzar para el máximo beneficio del pueblo de México, naturalmente siempre de acuerdo con la política del Sr. Presidente.

Atentamente: [Diputado Federal, 49 años, Colonia Roma, D. F.]

B] Desde el punto de vista del industrial, la ciencia y la tecnología son para nosotros lo mismo que fueron para Sir Francis Bacon, cuando dijo: "Knowledge is power" (El conocimiento es poder). Nosotros siempre hemos estado interesados en la posible aplicación de distintos procesos que facilitan la producción y disminuyan los costos, no para aumentar nuestros ingresos (como murmuran algunas gentes perversas y mal intencionadas) sino en beneficio del público en general. La ciencia y la tecnología pueden contribuir de manera muy significativa al progreso de la iniciativa privada, como se demuestra porque la gran mayoría de las técnicas de producción que actualmente se usan en la industria en México han sido desarrolladas por científicos. Es cierto que casi todas son importadas, pero es que la ciencia en México todavía no alcanza el grado de desarrollo como para competir con la de otros países. Pero de todos modos, la ciencia es internacional y, además, en cuanto los científicos mexicanos empiecen a diseñar mejores procedimientos de producción pues desde luego que los adoptaremos.

Atentamente: [Industrial, 42 años, Lomas de Chapultepec, D. F.]

c] Hay muchas definiciones de Ciencia pero como usted me pide la mía, no tengo el menor inconveniente en dársela. La Ciencia es hoy por hoy uno de los principales motores del progreso económico y social en el mundo; yo siempre la tengo muy presente, como se demuestra por la frecuencia con que invito a mis programas a científicos nacionales y extranjeros a que participen y nos den sus valiosas opiniones. La Ciencia es una manera de descubrir la verdad, de explorar la Naturaleza, pero la ciencia así nada más porque sí, la ciencia pura, eso es una cosa del pasado. La Ciencia debe estar ligada al desarrollo de la sociedad, que es la que paga los gastos al fin y al cabo. Como decía yo en un programa reciente, lo que se necesita es una Ciencia que resuelva nuestros problemas, por ejemplo, el problema de la deshidratación de los niños en Monterrey, que es terrible en los meses de calor, o el problema del smog en la ciudad de México, que hay días en que casi no se ven los coches en el Periférico. Si un científico mexicano encontrara la manera de que hubiera menos contaminación, pues eso sería un avance científico muy importante. Espero tratar de estos problemas en alguno de mis próximos programas y desde la pantalla seguiremos el diálogo. Mientras tanto, reciba los saludos de su

Atento y Seguro servidor: [Locutor de televisión, 38 años, domicilio conocido].

El cuarto y último grupo es el de la *Ciencia como Enemiga:*

A] La ciencia es un Monstruo Maligno que está devorando el Espíritu del Hombre y transformándolo en una cosa. De esta manera se está perdiendo la comunidad con lo Unico, Lo Divino en el Universo. Debemos abolir a la Ciencia, que es materialista, y recuperar nuestra Imagen Trascendente, que es la única forma en que podemos confundirnos con el Espíritu Eterno de la Divinidad, que es nuestro Verdadero Destino. Yo he sido enviado a la Tierra por el Poder Eterno para salvar a los Hombres del Demonio del Materialismo y de su Hija Maldita la Ciencia. El Espíritu Inefable me ha comisionado para que anuncie que muy pronto llegará a la Tierra para reunirse con sus Hijos, así que hay que apurarse a recuperar la Vida Sencilla, abandonando a la Ciencia y otras malas Influencias que a Él no le gustan.

Atentamente: [Desocupado, 52 años, Hospital "Fray Bernardino Álvarez", Tlalpan, D. F.]

B] Aunque durante muchos años la Ciencia fue un elemento de cultura y hasta de progreso, contribuyendo a mejorar las condiciones de vida y salud, en años recientes se ha transformado en un instrumento de destrucción, tanto del hombre como del medio ambiente. Las consecuencias antihumanas de la Ciencia no son solamente las bélicas (aunque el uso de los últimos adelantos científicos para exterminar a la población civil de Viet Nam representa un ejemplo de sobra conocido), sino también la degradación del hombre en un mero sujeto de consumo, privado de su personalidad por la educación masificada y homogenizado por la propaganda con que lo inundan los medios de comunicación modernos, controlados por los grandes capitalistas asociados al gobierno. La demolición salvaje de la Naturaleza, violada y destruida por la contaminación ciega y progresiva, consecuencia de la industrialización que persigue un desarrollo cada vez mayor, sin importarle los valores de una vida sencilla pero más humana. Por eso es que la Ciencia es el verdadero Frankenstein del hombre, que lo ha creado y ahora ya no puede controlarlo. Creo que debemos abandonar la Ciencia y regresar a sistemas menos avanzados pero más humanos, más de acuerdo con los valores del individuo en contacto con la Naturaleza.

Atentamente: [Estudiante de Filosofía, 18 años, comuna "La Pureza", Sierra de Oaxca, México].

c] Le escribo para decirle que mientras la juventud mexicana se esté preocupando por preguntas como las que usted hace seguiremos siendo un pueblo oprimido por un gobierno déspota y tirano, vendido a los gringos imperialistas. Eso que usted pregunta seguramente lo aprendió en la Universidad, una estructura burguesa vendida a la oligarquía y a las derechas, que sólo sabe indoctrinar a los estudiantes de falsos problemas, que no tienen relación con la verdadera realidad de México y de su gran pueblo explotado y esclavisado. Usted me pregunta ¿qué es la ciencia?, y como respuesta yo le pregunto ¿es hora de andarse con esas cosas cuando el pueblo tiene hambre? Mejor déjese de tarugadas y si tiene los pantalones bien puestos, véngase con nosotros a pelear por México.

"Patria o Muerte. Venceremos." [Guerrillero, 28 años, Sierra de Guerrero].

Recibí otras cartas cuyo contenido no consideré relevante a la encuesta, pero aunque no contribuyen en nada a mi propósito, no he podido resistir la tentación de incluir las dos siguientes, como ejemplo de la gran riqueza y de la infinita variedad de la respuesta humana:

a] Muchas gracias por su carta, con el sobre timbrado y su nombre y dirección. En otra ocasión le daré mi respuesta a su pregunta ¿qué es la ciencia? Ahora aprovecho para mandarle esta CADENA, que para seguirla usted debe copiarla y mandársela a otras 7 personas que conozca. Ya sabe usted que las CADENAS son de buena suerte y que no le conviene romperlas. Un señor que la rompió se quedó viudo al mes, y otro que yo conozco perdió su empleo. En cambio, otra persona que siguió la CADENA se sacó la Lotería.

Lo saluda su compañero de la CADENA DE LOS SIETE: [Estudiante de secundaria, 14 años, Colonia Portales, D. F.]

B] Yo no sé, pero me dio mucho gusto que me escriviera y como aquí hay un Dotor muy sabio que usa anteojos y dice que la Ciencia es [sigue texto ilegible] y yo se lo escrivo haver si le sirve.

Su servidor: [Coronel retirado, 86 años, Macondo, Colombia].

Volviendo a nuestro tema, ¿es la medicina una ciencia? Cuando el médico trabaja como médico, ¿puede su actividad describirse como ciencia? Quizá si observamos al científico trabajando en ciencia y comparamos lo que hace y lo que persigue con lo que hace y persigue el médico cuando trabaja, podamos acercarnos a una respuesta más aceptable que buscando el significado de las palabras en diccionarios o haciendo encuestas sobre la opinión general. El trabajo del científico consta claramente de dos partes: la primera es imaginativa o intuitiva, ilógica en el sentido de que no procede ni por inducción ni por deducción sino que representa un salto cuántico de la imaginación, mientras que la segunda es objetiva y rigurosa, estrictamente deductiva y dependiente de la realidad, a la que se ajusta siguiendo el método experimental y, siempre que es posible, en forma cuantitativa. Esto es lo que se ha llamado el concepto hipotético-deductivo de la ciencia, que en la actualidad se acepta por la mayoría de los filósofos de la ciencia y por los pocos científicos que reflexionan sobre la estructura conceptual de sus actividades cotianas. Lo que el científico persigue es el conocimiento, la construcción de un esquema teórico de la realidad que se parezca a ella lo más posible, con la conciencia de que la identidad no es humanamente posible.

No resisto la tentación de mencionar un ejemplo, en parte para ilustrar las frases anteriores y en parte para romper su carácter pedante.[2] A fines del siglo pasado, el gran matemático Francis Galton estaba preocupado por la eficiencia del rezo.

---

[2] Este ejemplo fue tomado de P. B. Medawar, *Induction and intuition in scientific thought*, Filadelfia, American Philosophical Soc., 1969, pp. 3-5. Los lectores que conozcan este pequeño pero trascendental libro estarán tan concientes como yo de la profunda deuda en que me encuentro con su autor.

Todos sabemos que las personas religiosas (de la gran mayoría de las religiones) rezan para obtener favores, aliviar sus penas, solicitar salud para sí y para sus parientes y amigos, etc. Es indudable que tal actividad tiene muchas consecuencias benéficas, sobre todo emocionales y psicológicas, que Galton fue el primero en reconocer y aceptar. Sin embargo, el rezo no sólo tiene una función psicoterapéutica; también tiene un contenido formal. Se reza para obtener algo y lo que Galton quería saber es si efectivamente se obtiene lo que se pide, y con cuánta frecuencia. A primera vista esto no parece un problema científico, pero Galton era un genio; como trabajaba en Inglaterra tenía una manera de probar su hipótesis. Los ingleses tienen la costumbre de rezar todos los días por la salud de su soberano: "God save the Queen." Aunque es cierto que este tipo de rezo se hace con carácter más imperativo que suplicativo, Galton decidió probar la eficiencia del rezo comparando la supervivencia de los miembros de la casa real de Inglaterra con la de otras muchas personas, de distintas categorías y rangos sociales. Los resultados aparecen en el cuadro 1.1, y sugieren que si el rezo tiene alguna influencia es mínima y hasta quizá negativa. Pudiera objetarse que hay un elemento no tomado en cuenta, que es la sinceridad con que se desea salud y larga vida al soberano; podría tratarse de una fórmula ritual, vacía de contenido emocional. Para eliminar esta variable Galton examinó las estadísticas de mortalidad de los niños recién nacidos en familias religiosas (cuyos obituarios aparecían en un periódico editado por la iglesia) y las comparó con las publicadas en un diario londinense conocido como liberal: *The Times*. Galton utilizó esta muestra en vista de que no podría dudarse de la sinceridad con que los padres y familiares de un niño recién nacido rezaban por su salud y supervivencia. El resultado de su comparación fue que no había ninguna diferencia, por lo que Galton concluyó que, dentro de las limitaciones impuestas por el material examinado, la eficiencia del rezo para obtener la gracia que representa su contenido formal es mínima o nula.

Antes hemos dicho que el científico trabaja cumpliendo dos etapas, una intuitiva y la otra deductiva y experimental, y que su meta es el conocimiento. Si aplicamos este modelo al médico

CUADRO 1.1
EDAD PROMEDIO ALCANZADA POR HOMBRES DE VARIAS CLASES DESPUÉS DE HABER SOBREVIVIDO HASTA LOS TREINTA AÑOS, DE 1758 A 1843
(Se excluyen muertes violentas o por accidente)

	Número	Promedio	Hombres eminentes*
Miembros de la Casa Real	97	64.04	
Clérigos	945	69.49	66.42
Abogados	294	68.14	66.51
Médicos	244	67.31	67.07
Aristócratas ingleses	1 179	67.31	
Caballeros	1 632	70.22	
Comerciantes	513	68.74	
Oficiales de la Mariana Real	366	68.40	
Científicos y literatos	395	67.55	65.22
Oficiales del Ejército	569	67.07	
Artistas	239	65.96	64.74

* Los hombres eminentes son aquellos cuyas vidas se registran en el *Diccionario Biográfico General*, de Alexander Chalmers (32 vols., Londres, 1812-1817), con algunas adiciones del *Registro Anual*. (Tomado de P. B. Medawar, *Induction and intuition in scientific thought*, Filadelfia, American Philosophical Society, 1968, p. 4).

cuando trabaja como médico, o sea cuando examina a un enfermo con el propósito de establecer un diagnóstico y dar un tratamiento, nos encontramos con que le ajusta sorprendentemente bien. El médico no se enfrenta al enfermo con la mente en blanco, registrando de manera impersonal los datos que va obteniendo en su examen hasta que, al terminar, los sintetiza e integra un diagnóstico; esto nos querían hacer creer en la Facultad de Medicina, y hasta nos enseñaron que el buen médico no se adelanta a los hechos. La realidad es muy otra y está encerrada en la famosa expresión "ojo clínico", que no quiere decir otra cosa que la experiencia le permite al médico imaginarse o intuir correctamente, en un porcentaje significativo de los casos que estudia (mayor mientras mejor es el médico) el diagnóstico que al final se demuestra objetivamente por los estudios clínicos y de laboratorio dirigidos y seleccionados por su primera impresión. Ésta es el equivalente de la hipótesis del científico, mientras que los exámenes clínicos y de gabinete representan la contraparte del trabajo experimental. Sin embargo, la diferencia del médico con el científico es que mientras éste persigue el conocimiento, la meta de aquél es otra, es la salud. Mientras el interés del científico es crear un edificio teórico que refleje la realidad de un segmento de la Naturaleza tan amplio como sea posible, el médico tiene como meta algunas veces la preservación y, desgraciadamente con mayor frecuencia, la reintegración de la salud de uno o de un grupo de individuos. En otras palabras, mientras el científico crea conceptos generales, el médico resuelve problemas individuales.

Creo anticiparme a sus objeciones al insistir que me estoy refiriendo a estereotipos, al científico puro encerrado en su Torre de Marfil y al médico clínico general. Aunque estoy consciente de las excepciones y de los híbridos (varios incluso aquí presentes) los he hecho a un lado de mi discusión porque ocurren excepcionalmente y yo me estoy refiriendo a la regla, que ellos confirman con su misma existencia. Mi conclusión es la siguiente: aunque la ciencia y la medicina comparten varias semejanzas en cuanto al método que utilizan, difieren de manera importante en el fin que persiguen, que para el científico es teórico y general mientras para el médico es práctico e individual.

Pasemos ahora a la segunda parte de mi tarea, que es intentar establecer si la medicina es un Arte. Confirmando el viejo refrán que dice "El burro se distingue fácilmente del hombre porque este animal sólo se tropieza una vez con la misma piedra", abro mi *Diccionario de la Real Academia de la Lengua Española* y leo el significado de la palabra arte:

Arte. Virtud, disposición e industria para hacer alguna cosa. Acto o facultad mediante los cuales, valiéndose de la materia, de la imagen o del sonido, imita o expresa el hombre lo material o lo inmaterial, y crea copiando o fantaseando. — Cautela, maña, astucia. — Mujer del arte. — Aparato que sirve para pescar. — Con arte y engaño se vive medio año; y con engaño y arte, la otra parte; que moteja a los que viven de la trápala y faramalla. Quien tiene arte, va por toda parte; que enseña cuán útil es saber algún oficio para ganar de comer...

Estarán ustedes de acuerdo en que sólo por excepción (no

muy caritativa) podríamos aceptar que la medicina se ajusta a alguna de estas acepciones. Es obvio que cuando se nos dice: "La Medicina es un Arte" no se está pensando en ninguna de ellas; lo difícil es saber en qué se está pensando, si es que se está pensando en algo. . . No teman que vaya a someterlos ahora a otra encuesta epistolar sobre el significado de la palabra arte; en obvio de tiempo vamos a pasar por alto ese ejercicio y en su lugar compararemos lo que hace el artista cuando trabaja y la meta que persigue, con lo que hace el médico cuando trabaja como médico y con las finalidades de su actividad. En vez de describir en forma analítica los elementos de que consta el trabajo del artista y enunciar el valor que aspira a alcanzar, permítanme que lo haga en forma metafórica, leyendo unos párrafos de un librito que publiqué hace unos meses bajo el título de *El Viejo Alquimista*. No oculto que esto es propaganda para el libro, pues deseo hacerme rico lo más pronto posible. Lo que voy a leerles es el final de las Disputaciones sobre Arte Alquímico, la Sagrada Cábala y la Tercera Ciencia, que en el cuento se están llevando a cabo en el salón de los Caballeros del Castillo del Príncipe de la antigua ciudad donde vivía el Viejo Alquimista. Siguiendo las reglas de cortesía medieval, han hablado primero otros sabios (El Alquimista Gordo Mayor, el Sabio Gordísimo, El Sabio Ciego, el Alquimista Extranjero y el Sabio Negro). Dice así:

Cuando el Sabio Negro volvió a su sillón, sólo faltaba por hablar el Viejo Alquimista, pero como estaba sentado detrás de los otros sabios y de sus aprendices, la gente pensó que las Disputaciones habían terminado y se dispuso a abandonar la Sala de los Caballeros; además, los Alquimistas Gordos ya tenían hambre y lo que seguía era el banquete. Pero el Viejo Alquimista corrió hasta el centro de la Sala de los Caballeros, mostrando con su sonrisa que todavía disfrutaba de la felicidad del Sabio Negro, y aplaudió fuertemente para llamar la atención mientras gritaba:

— ¡No se vayan todavía, mis amigos! Aún falta el final. Como yo soy el sabio residente de esta ciudad, me corresponde terminar las Disputaciones. Les prometo ser breve y no retrasar el banquete —Los Príncipes volvieron a sentarse, más que nada por no ofender al Príncipe anfitrión, aunque algunos mostraron cara de impaciencia. Cuando se hizo el silencio, El Viejo Alquimista miró lentamente a su alrededor y dijo:

— Durante muchos años yo pensé igual que mi admirado amigo, el

1.1 El Viejo Alquimista (cortesía de la Prensa Médica Mexicana, México)

Sabio Negro. Estuve convencido de que el Arte Alquímico, la Sagrada Cábala y la Tercera Ciencia seguían el Método de los Cuatro Pasos Fundamentales, que son, en primer lugar: la identificación de una incógnita en la Obra Perfecta de Dios, por medio de nuestros sentidos; en segundo lugar: la Invención de la respuesta a la incógnita por medio de una Teoría o Hipótesis que sueña nuestro entendimiento; en tercer lugar: una operación o Experimento, realizado de tal manera que nos permita determinar si nuestra Invención es correcta; si el Experimento se contrapone a nuestra Invención, debemos abandonarla e imaginar otra, por medio del estudio y la meditación. Según este Método, dos de los Cuatro Pasos, el primero y el tercero, son de la Naturaleza; los otros dos, el segundo y el cuarto, son del Entendimiento. Pero en mi último viaje a una ciudad lejana tuve oportunidad de admirar la obra pictórica de un Maestro Divino en una Capilla de nombre Scrovegni, así llamada en recuerdo del Reginaldo del mismo nombre, que el Dante condenó al Séptimo Círculo de su Infierno por usurero. Este Maestro, Abrogio de Colle (sus amigos le llaman Giotto), ha cubierto por completo las paredes de la capilla con pinturas al fresco que representan El Juicio Final, Escenas de la Vida de Cristo, e Historias de Joaquín y de la Virgen. Los frescos son un milagro de composición y color; el aire es tan ligero que los ángeles flotan en el cielo y el asno de la Huida a Egipto parece salirse de la pared. Con justísima razón se preguntarán ustedes qué relación tiene el Giotto con nuestro tema, y, como he prometido ser breve y no cansarlos, me apresuro a aclarar mi Tesis. Y es que el Giotto no ha reproducido sus divinos cuadros copiando a la naturaleza; ni siquiera en la Toscana es el aire tan transparente o el cielo tan luminoso. A pesar de merecerlo, creo que el Giotto no ha tenido delante de sus ojos las Santísimas Imágenes que ha pintado; y si no las ha visto, entonces las ha creado dentro de él, antes de plasmarlas para gloria de Nuestro Señor por todos los tiempos venideros. Los frescos del Giotto en la Capilla Scrovegni son una creación artística. En estas Grandes Obras lo que se admira es la proyección del entendimiento y de la imaginación del artista, no la concordancia de los hechos representados con la realidad.

Meditando sobre la inmensa belleza que había disfrutado, empecé a pensar que el Método de los Artistas y el Método del Arte Alquímico, la Sagrada Cábala y la Tercera Ciencia son muy parecidos. Por favor, no piensen que aspiro a compararme con Giotto, Palestrina o el Dante, sólo hablo del Método, guardando las proporciones que a mí me conciernen, aunque en el caso de mis distinguidos colegas sabios —y se inclinó hacia los impacientes y hambrientos Alquimistas Gordos— no dudo que la comparación sería justísima, o hasta honraría a algunos artistas. Pero volviendo a la semejanza de los dos Métodos, consideren por un momento que el primero de los Cuatro Pasos Fundamentales que he mencionado: percibir un problema en la Obra Maravillosa de Nuestro Señor, en la Naturaleza, por medio de nuestros sentidos. La realidad está frente a nosotros, inmensa y variadísima, más compleja que los movimientos circulares perfectos de los astros; más rica que los legendarios Astrolabios de Esmeralda Tallada del Sultán Harum-al-Raschid; y sin embargo, nosotros separamos de esa maraña incomprensible de cosas y de hechos unos cuantos que identificamos como un problema. ¿Perciben ustedes la paradoja? Para aislar de la Naturaleza los escasos componentes de una incógnita, necesitamos enfrentarnos a ella con un mecanismo de selección previamente establecido, como cuando en el Mar de la India los pescadores arrojan sus redes tejidas en mallas amplias, de modo que los peces chicos no sean capturados y sólo saquen peces grandes. El primer paso en el Método del Arte Alquímico, la Sagrada Cábala y la Tercera Ciencia es arrojar a la Naturaleza que nos rodea la red de nuestro entendimiento, tejida con los hilos de nuestros sentidos; sin embargo, cada uno de nosotros ha separado la malla de esa red de acuerdo con sus propios sueños. Lo mismo que el artista, el sabio ha creado dentro de sí mismo su imagen de una parte del Universo: el Giotto pinta la serenidad, que él lleva dentro, en el rostro de Joaquín, y mi amigo el Sabio Negro escoge de la Naturaleza el problema que él mismo ha creado dentro de su admirable cabeza...

Si ustedes han aceptado hasta aquí mis torpes ideas, prosigan conmigo un poco más lejos. De los Cuatro Pasos Fundamentales del Método de las Tres Ciencias, ya tres son producto del Entendimiento: sólo depende de la Naturaleza el Experimento, que realizamos para probar la bondad de nuestra Invención. Sin embargo, una parte de este Experimento es también hija de la inteligencia, porque lo pensamos y lo planeamos hasta que estamos seguros de que va a servir su propósito. Si nuestra Invención dice que una arroba de plumas pesa menos que una arroba de plomo, el experimento no podrá consistir en arrojar las plumas y el plomo al agua para ver cuál flota; el Experimento tendrá que incluir una arroba de plumas, una arroba de plomo y una balanza para pesarlas. Y finalmente, de todo lo que ocurre en la Naturaleza durante nuestro Experimento, sólo recogemos lo que nos sirve. En nuestro ejemplo anterior, no anotamos que la arroba de plumas es un saco grande mientras que la arroba de plomo es una bolsa pequeña de municiones; tampoco nos importa que las plumas huelan a avestruz y las municiones a pólvora; y así sucesivamente. Mi Tesis es que el Experimento no depende nada más de la Naturaleza, sino que la inteligencia también lo conforma, lo filtra y lo interpreta. Por lo tanto, los Cuatro Pasos Fundamentales del Método del Arte Alquímico, la Sagrada Cábala y la Tercera Ciencia son obra del Entendimiento. ¿Qué distingue entonces el artista del sabio? Mi Tesis es que las únicas diferencias son dos: mientras el artista persigue la expresión de una emoción estética, el sabio intenta conocer la Verdad de las cosas; además, el juicio sobre la creación artística lo hace el corazón de los hombres, mientras el juicio sobre la Verdad será el grado de concordancia de nuestras Invenciones con los resultados de nuestros Exprimentos.

La tesis del Viejo Alquimista es que el científico y el artista comparten en su actividad la imaginación, ambos se proyectan como individuos en su trabajo creativo, pero difieren en la meta que persiguen: para el científico es el conocimiento, para el artista es una emoción estética. Otra diferencia fundamental es la prueba a la que someten los resultados de sus esfuerzos: para el científico es el grado de concordancia con la realidad, para el artista es la resonancia emocional en sus espectadores. Si aceptamos esta caracterización del arte, es obvio que la medicina es semejante en algunos aspectos y completamente distinta en otros. La medicina y el arte se parecen en que ambos utilizan elementos intuitivos, irracionales; el médico y el artista conciben posibilidades, seleccionan configuraciones específicas dentro del vasto manantial que proviene de su experiencia y su imaginación, templadas por elementos externos distintos pero irrelevantes en su contenido formal y válidos sólo por su función normativa. Esta proyección del individuo está también presente en la ciencia; de hecho, es la piedra angular de la actividad creativa del hombre, es la creatividad misma. Otro elemento común a la medicina, la ciencia y el arte es la destreza técnica, la habilidad experta para manipular la naturaleza de manera no sólo precisa y exacta sino también elegante, con la sencillez que traduce años de aprendizaje y orgullo en las cosas bien hechas, y que a ojos no expertos oculta, con una mezcla de pudor y egoísmo, los mil detalles de una técnica sofisticada y difícil. Pero las diferencias son bien aparentes y se refieren a las pruebas que deben pasar cada una de estas actividades creativas para alcanzar sus respectivas metas, y a las metas mismas. Repitamos que para la ciencia la prueba es el grado en que el edificio conceptual que construye semeja a la realidad, para el artista es la dirección y la magnitud de la emoción estética que despierta en su público, y para el médico es la proporción en que conserva o restituye la salud de sus enfermos. Las metas de las tres actividades que estamos considerando son también diferentes: para la ciencia, el conocimiento; para el arte, la emoción estética; para la medicina, la salud.

Hemos llegado al final de nuestra tarea, que para ustedes ha sido escucharme, y para mí ha sido analizar las relaciones entre la medicina, la ciencia y el arte. Buscando una manera satisfactoria de concluir esta plática, de manera casi automática vuelvo a abrir el *Diccionario de la Real Academia de la Lengua Española* y busco la palabra Medicina. He aquí lo que dice:

Medicina. Ciencia y arte de precaver y curar las enfermedades del cuerpo humano.

No estoy de acuerdo. No puedo estar de acuerdo, después del análisis que ustedes han tolerado tan pacientemente. La medicina no es ni ciencia ni arte, sino algo distinto, algo que compartiendo los elementos creativos científicos y artísticos de la actividad humana posee otros que la individualizan, que la separan de manera definitiva e incompatible de todas las demás formas de comportamiento del *Homo sapiens*. Si estuviera forzado a buscar una palabra que resumira estos componentes específicos de la medicina, escogería *compasión*. El término es particularmente feliz, por dos razones: la primera, incluye a la pasión, a la forma apasionada de nuestras emociones, que antepone a conveniencias sociales o tradiciones rituales el anhelo de hacer algo, de agigantarnos internamente para alcanzar una satisfacción, de transformar un sueño en una realidad; la segunda se refiere a que nuestra meta está más allá de cada uno de nosotros, se escapa a los límites estrechos de nuestra epidermis, se proyecta a los demás miembros de la comunidad humana en que vivimos, y lo hace en sentido positivo, no de poseer sino de servir, no de dominar sino de ayudar, no de prevalecer sino de convivir. Esto, en mi concepto, es la medicina, y por eso quisiera terminar esta ya muy larga plática sugiriendo que, en vez de celebrar el Día del Médico, cada uno de nosotros, en su propia conciencia, aproveche esta fecha para celebrar el Día de la Medicina.

2. CIENCIA Y RELIGIÓN[1]

I. INTRODUCCIÓN

Espero que no consideren descortés y agresivo si empiezo confesando que por nada del mundo hubiera yo asistido a una plática con el título de ésta, *Ciencia y Religión*. Lo primero que trae a mi mente es el recuerdo de discusiones interminables, en el marco de un cafetín de mala muerte llamado "Kiko's", allá por las calles de Sonora, cuando yo tenía 18 años de edad y estaba leyendo, al mismo tiempo, a Voltaire y a Jardiel Poncela. Todas las tardes nos juntábamos varios amigos y por el precio de un taza de café, que entonces era de 20 centavos, disfrutábamos del ambiente nada académico pero muy estimulante de la sinfonola, unos cigarros *Belmont* de cajetilla roja y sabor amargo, las infalibles y muy visibles muchachas del barrio y, una tras una, largas horas de discusión, las más veces apasionada, ocasionalmente lánguida, raras veces racional y nunca inteligente, sobre todos los temas habidos y por haber. Cierta habilidad dialéctica y mi posición agnóstica (excepcional entre mis amigos) me hacían buscar con frecuencia el tema *Ciencia y Religión*, en el que debatíamos interminables horas, sumergidos (sin saberlo) en la más feliz y completa ignorancia. Esas tardes alucinadas, por desgracia para mí y por fortuna para ustedes, terminaron hace mucho tiempo, de modo que no teman ser sometidos a una discusión de un tipo tan juvenil. Tampoco intento iniciar una controversia diciendo cosas que pudieran resultar ofensivas a las creencias religiosas de algunos de ustedes. Mi propósito en esta plática es bien sencillo y conviene mencionarlo desde ahora: intento examinar las relaciones entre la Ciencia y la Religión,

[1] Conferencia dictada en noviembre de 1976, a la Sociedad Mexicana de Pediatría; en julio de 1978, a la Sociedad Médica del Hospital Pediátrico del DIF; en agosto de 1978, a la Sociedad Médica del Hospital Inglés, en México, D.F.

desde un punto de vista muy general, empezando con definiciones y relatando después un ejemplo. Mi conclusión será que la caracterización habitual de las relaciones entre la Ciencia y la Religión, como un conflicto entre dos expresiones humanas incompatibles e irreconciliables (que es el concepto tradicional, el mejor conocido, y el que yo defendía en "Kiko's" con más pasión que conocimientos) no sólo es superficial sino que, en la medida en que hace violencia a la complejidad de los dos términos y a las fluctuaciones de la historia, es también incorrecto.[2] En esta plática no hay buenos ni malos, no hay policías ni bandidos; aunque yo tomo partido (creo que es obvio desde ahora que no soy idealmente imparcial) he tratado de documentar la fracción racional de mi comportamiento lo mejor que he podido, y aquí quiero dejar constancia de que también poseo un componente irracional o emotivo (deformación profesional, como diría alguna alma caritativa) que no oculto ni me produce rubor alguno. Como ser humano, como uno más de todos nosotros, además de razón poseo emociones y mi comportamiento es el resultado de la suma algebraica de ambos elementos.

II. DEFINICIONES DE CIENCIA Y RELIGIÓN

Para entendernos, lo mejor es dejar bien claro lo que quiero decir por ciencia y por religión. Yo entiendo como ciencia el intento serio de comprender a la Naturaleza sobre bases racionales; tal intento se basa en el postulado de que la Naturaleza es comprensible para la mente humana, un postulado que muchos científicos consideran como un acto de fe, como contrario, en esencia, a la estructura de la ciencia misma. Einstein dijo: "Lo más incomprensible de la Naturaleza es que sea comprensible por el hombre", contribuyendo con todo el formidable prestigio de su persona a reforzar esta pretendida base irracional, anticientífica, de la ciencia. Aunque después volveremos a este punto, aquí cabe comentar que Einstein se estaba refiriendo

---

[2] Una visión muy equilibrada de la historia de las relaciones entre la ciencia y la religión está en R. Hooykaas, *Religion and the rise of modern science*, Edimburgo, Scottish Academic Press, 1972.

al fenómeno de la conciencia, a la capacidad del hombre para crear esquemas que se aproximan a las configuraciones reales del mundo que lo rodea; no es que la Naturaleza sea incomprensible y que su penetración por el hombre sea un milagro, sino que es la existencia de la criatura provista de un intelecto lo que parece incomprensible, dado el orden material, inerte y frío del Universo, regido por la física newtoniana (y einsteiniana) en la misma forma implacable que el destino adopta en los dramas griegos. Con toda su inmensa sabiduría sobre el mundo físico, Einstein no dejaba de mostrar cierta ingenuidad biológica; esto no es una crítica, aunque bien podía serlo, sino una humilde observación sobre la solidez de los pronunciamientos del genio cuando ocurren en áreas que no caen dentro de su campo profesional.

He dicho que la ciencia es un intento serio de comprender a la Naturaleza sobre bases racionales; también podría identificarse a la ciencia con el método que habitualmente se usa para trabajar en el laboratorio de investigación, que generalmente sigue las reglas postuladas por Pierce, Popper, Medawar y otros filósofos, que se resumen en la denominación *hipotético-deductivo*. Este método se aplica sobre todo a las ciencias experimentales, dejando fuera a las Matemáticas, a la Historia, a una buena parte de la Psicología, a casi todas las ciencias Sociales, Económicas y Políticas, etc. Otras definiciones de ciencia hacen hincapié en los resultados de la actividad y postulan que se trata del conjunto de hechos y reglas que se desprenden del estudio de la Naturaleza por medios objetivos y reproducibles; todavía otros autores insisten en que la ciencia es una actividad comunitaria, cuyo fin es obtener el consenso de la comunidad científica sobre un grupo siempre en crecimiento de postulados sobre diversos aspectos de la Naturaleza. Finalmente, mencionaré la definición de Ciencia que hace ya muchos años le oí postular al doctor Arturo Rosenblueth: "Ciencia es lo que hacen los científicos cuando están trabajando en sus laboratorios." Aunque al principio parece cínica, esta definición es impecable y además reúne a todas las demás, porque no puede dudarse que el científico está tratando de comprender a la Naturaleza sobre bases racionales, usando para ello el método hipotético-deductivo y haciendo experimentos, lo que le permite acumular datos y derivar reglas generales o leyes, que al final comunica a sus colegas con objeto de convencerlos de que sus observaciones son reales y reproducibles.

Definir religión es menos fácil, entre otras razones porque muchos de nosotros abandonamos el terreno de la objetividad en el momento en que se tocan asuntos relacionados con la fe. Quiero afirmar categóricamente que no pretendo aventurarme en tales terrenos y que voy a intentar definir la actividad humana conocida como religión y no su contenido; nadie puede negar que el número de religiones que existen y han existido a través de la historia de la Humanidad sobrepasa los miles, o quizá los millones. Algunos de ustedes podrán pensar: "Esto es cierto, pero la verdad es que la única religión cierta es la mía". Tal pensamiento no tiene nada que ver con lo que nos ocupa; no estamos interesados en quién posee la Verdad, sino en definir el fenómeno mismo de su búsqueda y/o hallazgo por métodos no científicos. Antes de que protesten algunos de ustedes, que la persecución de la Verdad ha seguido, históricamente, más caminos que el binomio hasta ahora mencionado, o sea ciencia y religión, y que no están dispuestos a aceptar que junto con ciencia (o con religión) se incluyan prácticas tan diferentes y despreciables como la Magia, la Alquimia, La Sagrada Cábala, el Voodoo, la Tercera Ciencia, la Dianética, la Semántica General, etc., me apresuro a señalar que muchas de estas formas de actividad humana nos parecen absurdas no por su contenido sino por los métodos que emplean para establecerlo. Como nosotros no estamos interesados en el contenido podemos dejar a un lado nuestras reticencias y enfrentarnos, de una vez por todas, a la definición de la actividad humana conocida como religiosa.

Por religión vamos a entender un conjunto de postulados que intentan abarcar la totalidad del Universo, en toda su extensión física e histórica, que generalmente también incluye reglas de comportamiento humano basadas en conceptos más o menos definidos de santidad y de bondad, y todo esto envuelto en una atmósfera sobrenatural. En otras palabras, la mayoría de las religiones poseen dos elementos comunes en su esqueleto más íntimo, que son una cosmogonía y una ética, construidas alrededor del eje primario, que es una metafísica trascendental.

Si comparamos a la ciencia con la religión nos vamos a encontrar con varias diferencias importantes: mientras la ciencia opera en el mundo de la causalidad, la religión acepta la existencia de excepciones, o sea de acontecimientos que ocurren a pesar (y muchas veces en contra) de las reglas del juego de la Naturaleza. Aquí quiero recordar que Einstein también dijo: "Dios no juega a los dados", prestando esta vez toda la fuerza de su extraordinario prestigio al concepto de que la regularidad de la Naturaleza no está sujeta al azar, no reconoce excepciones ni acepta treguas, por más momentáneas que se quieran; en otras palabras, lo que Einstein quiso decir fue: "La regularidad de la Naturaleza es regular." En cambio, en muchas religiones los milagros representan parte fundamental de sus pruebas de legitimidad, y hasta se citan como demostraciones contundentes de la existencia de fuerzas trascendentales. Esto me recuerda la Ley de "Kiko's", que irreverentemente se enunciaba como sigue:

"El número de milagros adjudicados a un santo particular (sea Budista, Judío, Azteca o Marxista) disminuye en forma inversamente proporcional al grado de educación del individuo o grupo humano que lo acepta como Santo Patrono."

Otra diferencia notable entre ciencia y religión está cifrada en los valores que cada una de estas actividades humanas persigue: para la ciencia, los valores máximos son, el Conocimiento, la Comprensión de la Naturaleza; para la Religión, la axiología se ordena con la Santidad, la Bondad, la Identificación con lo Divino, la conquista de la Vida Eterna. Expresados de esta manera, no parece posible que ciencia y religión pudieran haber entrado en conflicto por la supremacía de los valores que persiguen, ni siquiera por su realidad, y menos aún por su participación en la estructura del alma humana. Todos tenemos la capacidad, casi la obligación indeclinable, de ser en parte el Dr. Jekyll y en la otra parte Mr. Hyde; si cumplimos con esta humana condición, no nos quedará casi nada para dedicar a otros posibles papeles, por más que quisiéramos desempeñarlos, como San Francisco de Asís, Don Quijote de la Mancha, o (a veces) hasta el Caballero Casanova.

Una diferencia más entre ciencia y religión está en los métodos utilizados por cada una de estas dos actividades para perseguir sus metas. Ya hemos mencionado que la ciencia sigue el esquema general conocido como hipotético-deductivo, lo que incluye el análisis experimental de puntos cruciales en sus hipótesis, idealmente diseñados para "falsificar", o demostrar lo inadecuado, de ellas; en otras palabras, se trata del examen objetivo de la Naturaleza por los medios más rigurosos, dentro de un marco estrictamente racional. En cambio, el método religioso (si puede aceptarse que exista alguno, o que si fuera posible abstraer lo suficiente de un número representativo de las principales religiones) se basa no en hipótesis sino en dogmas, no en experimentos sino en autoridad, y para alcanzar los más altos valores religiosos (Santidad, Unión con Dios, Omega) se requiere adherencia más o menos rigurosa a una línea prescrita de comportamiento, que puede o no incluir liturgias de tradición milenaria y elegancia fastuosa, o bien prácticas de autosacrificio y ascetismo de proporciones homéricas, o ambas, o muchas otras variantes del mismo principio: la Verdad, o la fracción infinitesimal a la que tenemos acceso los humanos, se conoce por Revelación o Gracia Divina, y entonces es auténtica, preclara y beatífica, trascendental y absoluta. Dadas estas características, exigir pruebas objetivas de la Verdad religiosa resulta incomprensible o idiota, según se le contemple, a pesar de lo cual se cuenta con una antigua y honorable tradición de exégetas de la Verdad Divina, que han dedicado sus vidas a "demostrar" su congruencia, su lógica, su consistencia interna, e incluso su fácil acceso a todo el mundo, siempre y cuando se acepten y sigan ciertas reglas.[3] La escuela opuesta es la que exige, desde tiempo inmemorial y en todas las altitudes geográficas, la claudicación del intelecto frente a la fe, el reconocimiento de que las razones del corazón (a la Pascal), pesan más que las razones del cerebro.

Finalmente, una diferencia más entre ciencia y religión es el tribunal que decide si se ha alcanzado el valor perseguido, la Verdad para la ciencia, la Santidad para la religión. En el caso

---

[3] Por ejemplo, S.L. Jaki, *Science and creation*, Edimburgo, Scottish Academic Press, 1974, y del mismo autor, *The road of science and the ways to god*, Chicago, University of Chicago Press, 1978.

de la ciencia, el tribunal es la comunidad científica (que incluye al propio investigador) y los argumentos que se escuchan se refieren al grado de concordancia del edificio teórico que se ha construido, por medio de hipótesis y experimentos, con la realidad que nos rodea, definida y evaluada de manera igualmente objetiva. En cambio, en la religión los encargados de enjuiciar nuestro progreso y actuación final dentro del comportamiento requerido para alcanzar los Santos Valores son muchos más heterogéneos, partiendo del individuo mismo (la conciencia de cada uno de nosotros, a solas con él mismo) y llegando hasta una autoridad externa máxima que se considera Vicario de la Divinidad en la Tierra, lo que nos obliga a pasar por toda clase de grupos, criterios, métodos y sentencias. En este renglón, la ciencia es mucho más pobre, mucho menos variada, y encierra atractivos más abstractos, secos y descarnados que casi cualquiera de las religiones; así es fácil explicar que mientras la proporción de la Humanidad que pudiera reclamar la ciencia entre sus adeptos es probablemente menor del 1%, la inmensa mayoría de los seres humanos que en el mundo han sido y son hoy profesa alguna religión.

Antes de terminar esta descripción comparativa de ciencia y religión desearía hacer referencia a algo que seguramente muchos de ustedes ya habrán notado. Me refiero al esfuerzo que he hecho por comparar dos esferas de la actividad humana que probablemente no son comparables porque ni ocurren en el mismo nivel ni se refieren al mismo campo ni utilizan los mismos métodos ni aspiran a los mismos valores. ¿Por qué todo este largo prólogo a la parte esencial de la plática? La respuesta a esta pregunta es que el científico puro y el religioso puro son entelequias, abstracciones irreales cuya existencia entre los hombres de tres dimensiones, entre los miembros de la especie *Homo sapiens*, entre nosotros, es casi puramente conceptual. Se trata de estereotipos, de tigres de papel erigidos con el propósito de señalar sus agujeros imposibles, sus egregias imperfecciones, su infantil esencia bidimensional. La verdad es que tales entes fantásticos no existen, que cada uno de nosotros, en la vida diaria, es un espléndido ejemplo del animal humano, científico por educación y religioso por tradición, racional y emotivo, frío y ardiente, pacífico e irascible, pecador irredento y santo purísimo, sujeto a dos escalas de valores cuyos extremos distales no se tocan pero que muestran grandes áreas de coincidencia y hasta paralelismo en sus extremos proximales. En este contexto, las incompatibilidades axiológicas más flagrantes sólo pueden resolverse como lo hizo Walt Whitman, renunciando a la lógica con una sonrisa:

> *¿Me contradigo?*
> *Muy bien, me contradigo.*
> *(Soy amplio, contengo multitudes.)*

En esta primera parte de mi plática he intentado enumerar algunas diferencias entre ciencia y religión, con la esperanza de cumplir con la regla socrática, de "definir nuestros términos" en toda justa filosófica. He concluido que esto puede ser posible teóricamente (en el campo que nos ocupa) pero que parece superficial y grotesco cuando se intenta dentro del marco del mundo real y se pretende aplicarlo a seres humanos de a deveras, hermosos y nobles pero también con hirsutismo y verrugas ofensivas, geniales e inteligentes unos pero oligofrénicos e idiotas otros, puros y santos pero, más frecuentemente, pecadores y diabólicos, y quizá sobre todas las cosas inconstantes, inconsistentes e impredecibles, capaces de transformarse de aventureros menores en héroes epopéyicos, como el Che Guevara, o de dedicar su vida a un gesto grandioso aunque anacrónico, como el doctor Albert Schweitzer, o de trascender a sus propias tragedias, entregando a la Humanidad tesoros inmortales, como Beethoven o Van Gogh. Enfrentados a este material, nuestras definiciones de ciencia y religión adquieren súbitamente el aire de entelequias, o mejor aún de niñas provincianas y beatas llegando repetinamente a una orgía desenfrenada de Sardanápalo o, lo que es peor todavía, a una fiestecita de clientes de la Zona Rosa. En otras palabras, aunque en teoría la ciencia y la religión poseen estructura, métodos, valores y productos totalmente diferentes e independientes, la realidad tridimensional y compleja en que vivimos oblitera todas esas diferencias abstractas y nos enfrenta a conflictos cotidianos y profundos, no sólo a cada uno de nosotros sino a gran parte de nuestros ancestros sanguíneos y culturales.

La historia está repleta de sabrosos chismes, de encuentros más o menos violentos entre los defensores de la ciencia y los partidarios de la Fe, que en sus respectivos tiempos fueron dramáticos y no pocas veces trágicos, pero que desprovistos de su vigencia por el transcurrir de años y siglos persisten hoy como reliquias momificadas y casi intemporales de episodios que, en su día, acapararon el interés y la emoción del mundo contemporáneo. El resto de esta plática está dedicado a un episodio dramático de las relaciones entre ciencia y religión. El propósito es doble: aliviar un poco el tedio producido por toda la palabrería anterior, e ilustrar con un ejemplo tomado de la vida real, cómo se generan los problemas entre ciencia y religión.

III. GALILEO Y LA IGLESIA[4]

En vez de escoger la muerte en la hoguera de Giordano Bruno o de Miguel Servet, que están realmente lejos de nosotros y resultan difíciles de apreciar con justicia a través de la bruma del tiempo, o de comentar la postura de la Religión Católica, Apostólica y Romana, frente al problema de la explosión demográfica mundial (que afecta sobre todo a países subdesarrollados), que es igualmente difícil de apreciar porque está demasiado cerca de nosotros, lo que impide objetividad (además de que he prometido no decir nada que pueda ofender a nadie) he seleccionado un conflicto entre ciencia y religión bien conocido y hasta un poco sobado, a fuerza de reiteración por muchos de los medios actuales de aculturación; me refiero al caso de Galileo. Sobre este episodio se han escrito cientos de libros y artículos, tanto de carácter técnico como popular, y hasta existen obras teatrales (la de Brecht) y una película reciente. Otro conflicto, el caso Darwin, no tiene el mismo atractivo para el gran público del mundo occidental, quizá porque nuestra cultura está condicionada a considerar dignos de atención sólo aquellos epi-

---

[4] Quizá la mejor fuente de información sobre este episodio de Galileo es G. de Santillana *The crime of Galileo*, University of Chicago Press, 1955, Véase también L., Geymonat *Galileo Galilei: a biography and inquiry into his philosophy of science*, Nueva York, McGraw-Hill Book Co., 1965.

2.1 Galileo Galilei, 8 años antes de su juicio, en un retrato de Leoni

sodios donde exista martirología del héroe, algo que seguramente hemos aprendido de nuestra tradición religiosa, ya que tal requisito de popularidad no existe en el mundo oriental. Recordemos que mientras Jesucristo murió en la cruz, después de sufrir en forma indecible, y que el cielo se oscureció al exhalar Nuestro Señor su último suspiro, Gautama Budha se reintegró a su origen sentado, tranquilo y feliz, debajo de un árbol, rodeado por sus discípulos, en un hermoso y colorido atardecer...

El caso Galileo ilustra un punto fundamental en las relaciones entre ciencia y religión, que incidentalmente también se aplica a muchos otros campos de interés humano y que puede enunciarse como sigue: *es peligroso hacer aseveraciones categóricas en áreas ajenas a nuestra competencia.* Brevemente, recordemos que Galileo[5] escribió en 1610 un librito llamado *El mensajero sideral,* donde, de acuerdo con su título,

...muestra grandes y muy admirables espectáculos y propone a que los acepten de modo especial los filósofos y astrónomos. Fueron ha poco observados por Galileo Galilei, Patricio de Florencia, Matemático Público en el Gimnasio de Padua, con gran perspicacia, y ahora las da a conocer a todos, son de la superficie lunar, en las estrellas fijas, en la Vía Láctea y en las nebulosas de estrellas. Pero primariamente en cuatro planetas. Tocante a los modos de intervalo de la estrella de Júpiter que se mueven con admirable velocidad. Nadie hasta hoy los había conocido y primero que nadie los descubrió el autor y dispuso que se llamaran Astros de los Médici.

El libro fue dedicado a Cosimo II de Médici, que había sido su discípulo y ahora era el Gran Duque de la Toscana; como consecuencia de este gesto, Galileo fue nombrado matemático y filósofo de la Corona y profesor de matemáticas en la Universidad de Pisa. Esto fue una circunstancia desafortunada, porque si Galileo se hubiera quedado en Padua no lo hubieran acusado ante la Santa Inquisición, ya que hacía poco tiempo la República de Venecia había ganado su pleito con el Papa para decidir sobre sus propios asuntos.

El mensajero sideral contiene las primeras observaciones que Galileo hizo con su telescopio de fabricación casera, que aumentaba hasta 1000 veces los objetos y los hacía aparecer 30 veces más cercanos que cuando se examinaban sin su ayuda. El libro muestra los dibujos de Galileo de la superficie de la Luna y refiere sus interpretaciones de cráteres, montañas y mares; aquí ocurre la famosa comparación de un amanecer en una región montañosa de la Tierra con algunas partes de Bohemia, así como el cálculo de la altura de algunas montañas de la Luna, cercana a 6 000 m (que es una excelente aproximación). También se encuentra la descripción de que la Vía Láctea está

---

[5] S. Drake, *Galileo at work. His scientific biography,* University of Chicago Press, 1978. Otros datos sobre diversas publicaciones de Galileo, con extensas y útiles notas, en S. Drake *Discoveries and opinions of Galileo,* Nueva York Doubleday & Co., Inc., 1957. Todas las citas de los distintos textos de Galileo han sido tomadas de este volumen.

2.2 Portada del libro *El mensajero sideral*, publicado por Galileo en 1610

formada por millones de estrellas y que éstas no se ven mayores cuando se miran por el telescopio; finalmente, como si todo lo anterior fuera poco, también está la primera descripción de los satélites de Júpiter, las llamadas "estrellas de los Médici". Todos los datos anteriores podían usarse para apoyar la teoría de Copérnico, que entre otras cosas postulaba que la Tierra es un planeta que gira anualmente alrededor del Sol; sin embargo, Galileo simplemente se limitó a prometer más pruebas para un trabajo futuro, diciendo:

> Demostraremos que la Tierra es un cuerpo emigrante que sobrepasa a la Luna en su esplendor, en vez de un depósito de todas las sobras sin importancia del Universo; esto lo apoyaremos con una multitud de argumentos derivados de la Naturaleza.

El impacto de sus ideas en el mundo contemporáneo se aprecia mejor si recordamos que la ciencia de su época estaba totalmente dominada por Aristóteles y que, de acuerdo con la cosmogonía de este autor, la Luna y todos los cuerpos celestiales eran perfectos; la Tierra no era un planeta sino el centro del Universo, alrededor de la cual giraban en movimiento circular perfecto todos los demás componentes de la Creación. Mientras Galileo no abrazó públicamente el copernicanismo, sus relaciones con la Iglesia fueron cordiales; en 1611, un año después de la publicación de *El mensajero sideral,* Galileo visitó Roma y fue recibido por el Colegio Romano de los Jesuitas, encabezado por el cardenal Roberto Bellarmine, y conversó con el padre Clarius, quien había construido un telescopio y confirmado la existencia de los satélites de Júpiter; también fue electo miembro de la Academia Dei Lincei y hasta tuvo una cordial entrevista con el Papa, Pablo V. Los enemigos de Galileo de esa época eran los demás profesores de la Universidad de Pisa, que vivían de enseñar las doctrinas de Aristóteles, no sólo su cosmogonía sino también su física y su filosofía; la oposición se organizó bajo la dirección de un tal Lodovico delle Colombe, que no era profesor pero en cambio era un aristotélico rabioso. Al regresar de Roma Galileo tuvo dos disputas, una con Colombe sobre los principios de "los cuerpos flotantes" en 1612, cuando sostuvo argumentos fuertes contra la física aristotélica; la otra disputa fue sobre la prioridad del descubrimiento de las manchas solares, con el padre Christopher Schreiner, un jesuita astrónomo que las atribuía a pequeños planetas pasando frente al Sol. Galileo publicó entonces otro volumen,

2.3 El cardenal Roberto Bellarmine, según un grabado de Francis Villamena

llamado *Cartas sobre manchas solares*, patrocinado por la Academia Dei Lincei, donde señalaba que las manchas solares estaban en el Sol mismo y que éste, como la Luna, no era un cuerpo perfecto; además, los movimientos de las manchas le sugirieron que el Sol posee movimientos de rotación axial.

Criticando la astronomía del padre Schreiner, Galileo dice:

...todavía se adhiere a excéntricas, diferentes, epiciclos y otros conceptos como si fueran cosas reales, actuales y distintas. Sin embargo, todos sabemos que se trata de meras suposiciones de los astrónomos matemáticos para facilitar sus cálculos. No son retenidas por los astrónomos filósofos que, yendo más allá de la demanda de que "salven las apariencias", desean investigar la verdadera constitución del universo, que es el problema más importante y más admirable que hay. Porque tal constitución existe: es única, real, y no podía ser de otra manera...

Aquí empiezan los problemas de Galileo con la Iglesia. Mientras los astrónomos se dedicaran a inventar modelos matemáticos que describieran en forma más o menos ingeniosa los movimientos de los astros celestes, sin erigir teorías que contradijeran ciertos pasajes de las *Sagradas Escrituras*, todo iba muy bien; así se consideraba al sistema *Ptolemaico*, y hasta en el *De Revolutionibus* de Copérnico el prólogo (escrito por Osiander) señala que el contenido es simplemente un sistema ingenioso de cálculo sin ninguna pretensión de reflejar la estructura real del Cosmos. Naturalmente, ésta no había sido la intención de Copérnico, ni tampoco era la de Galileo; ambos querían conocer la verdadera arquitectura del Universo.

IV. LA TRAGEDIA

En diciembre de 1613 se reunieron a cenar, en la mesa real de Cosimo II, Gran Duque de la Toscana, el profesor de Filosofía de la Universidad de Pisa, Boscaglia; un monje benedictino que había sido discípulo de Galileo y que acababa de ser nombrado profesor de Matemáticas en la misma Universidad, pero con el mandato expreso de no enseñar que la Tierra se mueve, llamado Benedetto Castelli, y otros personajes, entre ellos la madre del Gran Duque, la Gran Duquesa Cristina. La conversación giró alrededor de la Universidad, las observaciones telescópicas y la astronomía; cuando Castelli ya se había despediqo y había abandonado la sala, Boscaglia se inclinó al oído de la Gran Duquesa y le dijo que mientras todas las observaciones de Galileo habían sido confirmadas, su tesis de que la Tierra se mueve era inaceptable porque contradecía a las Sagradas Escrituras. La Gran Duquesa mandó un mensajero a detener a Castelli y a invitarlo a regresar, y en la discusión que siguió Castelli defendió las opiniones de Galileo por medio de argumentos teológicos que convencieron al Gran Duque pero que dejaron intranquila a la Gran Duquesa; durante toda esta discusión Boscaglia no abrió la boca. Castelli describió la escena a Galileo en una carta, quien una semana después contestó a Castelli extensamente, presentando sus propios puntos de vista sobre las relaciones entre ciencia y religión: Castelli hizo varias copias de la carta y las circuló entre amigos, pero una cayó en manos del padre Lorini, un fraile dominicano que se escandalizó con el contenido y notificó inmediatamente a la Santa Inquisición, enviándole una copia de la carta no exactamente fiel al original; Lorini protestaba la intromisión de un lego en asuntos religiosos y la expresión de opiniones hereies. De todo este episodio debemos recordar que el obispo de Fiesole demandó que se encarcelara a Copérnico, pero fue necesario informarle que ese sujeto había muerto hacía muchos años.

Galileo recuperó el original de su carta a Castelli y se la mandó a un amigo a Roma para que se la enseñara al mismo cardenal Bellarmine, prometiendo ampliar sus opiniones en breve tiempo. Esto lo hizo en una famosa *Carta a la Gran Duquesa Cristina*, donde expresa con claridad sus opiniones sobre ciencia y religión. La carta circuló como manuscrito y no se publicó sino hasta 20 años más tarde; en ella Galileo señala que hay dos fuentes para conocer la verdad sobre el Mundo, que son la Biblia y la Filosofía Natural. La Biblia fue inspirada divinamente y por lo tanto contiene la Verdad revelada por Dios; por otro lado, el estudio de los fenómenos naturales es también una forma válida de conocer la verdad, puesto que el mundo ha sido creado por Dios. Galileo dice que es imposible que existan contradicciones entre la Biblia y los resultados del estudio de la Naturaleza; cuando las hay, pueden deberse a dos causas: o bien los datos derivados de la observación están equivocados, o bien la interpretación de las *Sagradas Escrituras* no ha sido correcta.

La lectura de estas cartas revela que Galileo era un polemista formidable, capaz de voltear cualquier argumento en favor de sus opiniones. En un párrafo señala que el camino de la Filosofía Natural no debía cerrarse como si ya todo estuviera descubierto; no es posible aceptar la opinión de los teólogos que, en buena fe, piden a los filósofos naturales que busquen errores en sus conclusiones cuando contradicen textos sagrados, que son los únicos depósitos de la verdad. Galileo indica que esto es pedir lo imposible: "Porque sería lo mismo que pedirles que no vean lo que ven y que no comprendan lo que saben, y que en su búsqueda encuentren lo opuesto a lo que en realidad observan." Incluso, Galileo señala que ningún ser humano, ni siquiera el Papa, con su poder absoluto, pueda declarar que los fenómenos de la Naturaleza son diferentes de lo que son en realidad.

En aquel tiempo un padre carmelita, Paolo Foscarini, envió al cardenal Bellarmine una copia de su libro defendiendo el sistema de Copérnico y afirmando que era cierto. El cardenal ya había leído también la carta de Galileo a Castelli y había declarado que no encontraba herejías sino solamente un laico metiéndose en asuntos de teología; sin embargo, a Foscarini le contestó una carta violenta señalándole que en todos aquellos puntos en que la filosofía natural de Copérnico contradice a las *Sagradas Escrituras* debe estar equivocada y no se debe defender, porque "...irrita a todos los filósofos escolásticos y teológicos, daña nuestra Santa Fe y hace falsas a las Sagradas Escrituras".

Galileo no estaba satisfecho y, contra los buenos consejos del embajador de la Toscana en Roma, en diciembre de 1615 llegó a esta capital dispuesto a convencer a todos de que Copérnico tenía razón. Después de varias discusiones, el Papa Pablo V ordenó que se hiciera una declaración oficial sobre el espinoso asunto del movimiento de la Tierra y de la inmovilidad del Sol. El 24 de febrero de 1616 los teólogos declararon oficialmente que la proposición de que el Sol está inmóvil en el Centro del Universo era: "...tonta y absurda, filosófica y formalmente hereje, en la medida que contradice expresamente la doctrina de las *Sagradas Escrituras* en muchos pasajes, tanto en su sentido literal como en la interpretación general de los Padres y Doctores". La otra proposición, que la Tierra se mueve, fue unánimente pronunciada como merecedora de "...la misma censura en filosofía y, en relación con la verdad teológica, estar equivocada al menos en la Fe". Una semana más tarde el libro del padre Foscarini fue puesto en el Indice de los Libros Prohibidos; el impresor fue encarcelado y Foscarini mismo murió poco tiempo después en circunstancias misteriosas. En cambio, el libro de Copérnico se salvó del Índice, pero siempre y cuando se le hicieran algunas modificaciones que el mismo Galileo consideró mínimas. El resultado fue que la Iglesia aclaró su postura respecto al copernicanismo: se prohibía terminantemente todo lo que requiriera reinterpretación de las Sagradas Escrituras, pero Copérnico podía ser discutido como hipótesis matemática.

Galileo se entrevistó con el cardenal Bellarmine por orden del Papa y al terminar la conversación solicitó se le diera un resumen escrito de lo que había ocurrido en la entrevista. El certificado dice lo siguiente:

Nosotros, Roberto Cardenal Bellarmine, habiendo oído que calumniosamente se comenta que el Señor Galileo Galilei ha abjurado en nuestra mano y también que se le ha castigado con penitencias saludables, y habiéndose solicitado la verdad sobre esto, declaramos que el Señor Galileo no ha abjurado ni en nuestra mano ni en la de ninguna otra persona de aquí de Roma ni de ninguna otra parte, hasta donde sabemos, ninguna opinión sostenida por él; ni se le ha impuesto ninguna penitencia saludable; sino que sólo la declaración hecha por el Santo Padre y publicada por la Sagrada Congregación del Índice se le ha notificado, donde se dice que la doctrina atribuida a Copérnico, que la Tierra se mueve alrededor del Sol y que el Sol está estacionario en el centro del Mundo y no se mueve de Este a Oeste, es contraria a las Sagradas Escrituras y por lo tanto no puede defenderse o mantenerse. Para atestiguar lo presente hemos escrito y suscrito estos instrumentos con nuestra mano este día 26 de Mayo de 1616.

Galileo regresó a Pisa insatisfecho, pues aunque Copérnico no había sido condenado, y él mismo estaba libre de cualquier acusación, no había podido convencer a las autoridades eclesiásticas de que no existían incompatibilidades reales entre la Filosofía Natural y la Biblia. En 1623 se eligió un nuevo Papa, Urbano VIII, que antes de eso se llamaba Maffeo Barberini y era miembro de la Academia Dei Lincei, buen amigo de Galileo, y hasta había escrito un poema en honor de sus descubrimientos telescópicos. Ese mismo año Galileo le había dedicado un pequeño libro filosófico y Barberini había aceptado la dedicatoria; Galileo pensó que quizá el nuevo Papa ejerciera su influencia para permitir la astronomía copernicana y se fue a Roma otra vez. Sin embargo, después de varias entrevistas con Urbano VIII, Galileo regresó una vez más a Pisa sin haber conseguido lo que quería.

Sin embargo, 7 años después ya estaba de vuelta en Roma, esta vez con el manuscrito de otro libro. En mayo de 1630 presentó al Papa un texto llamado *Sobre el flujo y reflujo del mar* con la solicitud de aprobación para imprimirlo. El Papa le reiteró su orden de que el tratado fuera puramente hipotético y le sugirió que cambiara el título por el de *Diálogo concerniente a los dos principales sistemas del mundo*, o sean el ptolemaico y el copernicano; también se le pidió a Galileo que considerara su explicación de las olas del mar como una entre muchas formas posibles como Dios podía producir las olas. Galileo escribió entonces un prefacio distinto y cambió sus conclusiones. Después de algunos meses de retraso, en vista de que el responsable de dar la licencia, Riccardi, no estaba seguro de que Galileo hubiera cumplido con lo que habían ordenado, el libro se publicó en Florencia en 1632.

Escrito en italiano, de modo que podía ser leído ampliamente en toda Italia, el libro está en forma de diálogos socráticos sostenidos entre tres personajes, dos de los cuales habían sido amigos de Galileo y ya habían muerto: uno era Giovanni Sagredo, un noble veneciano que había sostenido discusiones científicas con Galileo en Padua, y el otro, Filippo Salviati, pertenecía a una familia de banqueros florentinos y probablemente fue estudiante de Galileo. El tercer personaje, llamado Simplicio, es completamente falso. De los tres participantes en los diálogos, el que representa a Galileo es Salviati, mientras Simplicio toma el papel de un defensor de Aristóteles. A pesar de sus promesas y de todas las advertencias y prohibiciones que había recibido de las autoridades eclesiásticas, Galileo-Salviati reitera hábil-

2.4 Portada de una edición antigua del *Diálogo* de Galileo

mente las doctrinas copernicanas, derrota una por una todas las objeciones que le presenta Simplicio, tratando todo el tiempo a sus ideas como parte de un sistema que corresponde a la realidad física y no a una hipótesis o modelo matemático.

El Papa estaba furioso, pensando no sólo que sus instrucciones habían sido ignoradas por completo sino que Galileo se había burlado de él, poniendo en labios de Simplicio sus propios argumentos. El Inquisidor Florentino ordenó que se suspendiera la venta del libro y se recogieran todos los ejemplares, pero ya era demasiado tarde pues todas las copias se habían vendido. Riccardi recibió una reprimenda grave del Papa, aunque se tenía la impresión de que Galileo también lo había engañado a él. Y para acabar con el cuadro, Galileo también estaba enojado: ¿no había alterado su texto para complacer a las autoridades? ¿Y no se le había concedido permiso para publicar? ¡Ahora le decían que su libro era más peligroso para la Iglesia que las obras completas de Calvino y Lutero juntas!

El Inquisidor Florentino entregó a Galileo en su casa una orden de presentarse en Roma en 30 días; aunque le ofrecieron asilo en Venecia, Galileo aceptó el consejo del Gran Duque de Toscana y viajó a Roma, donde se alojó en la casa del embajador; tenía entonces casi setenta años de edad y estaba enfermo. Su juicio por la Santa Inquisición empezó el 12 de abril de 1633 y en gran parte se basó en un documento cuya autenticidad ha sido puesta en duda. Durante el interrogatorio dirigido por el Comisario Dominico de la Inquisición, se pidió a Galileo que repitiera lo que el cardenal Bellarmine le había dicho en 1616, a lo que Galileo contestó que le había ordenado no sostener ni defender las ideas copernicanas, y como prueba presentó el documento que Bellarmine le había extendido. Pero el Inquisidor dijo que eso no era correcto y en su lugar leyó otro documento tomado de los Archivos del Vaticano, que pretende describir la misma entrevista pero agrega un punto capital: que a Galileo se le había ordenado que no *enseñara* ni defendiera de ninguna manera las ideas copernicanas, y que Galileo había estado de acuerdo en obedecer. Este documento tiene la forma de una minuta administrativa y curiosamente no está firmado ni por un notario (que se dice estaba presente) ni por Galileo, ni por nadie. Su presencia en los archivos del Vaticano es uno de los grandes misterios de esta historia y ha sido interpretada de distintas maneras:

1] Estudiando el documento por medio de lupas, algunos historiadores del siglo pasado concluyeron que era falso y había

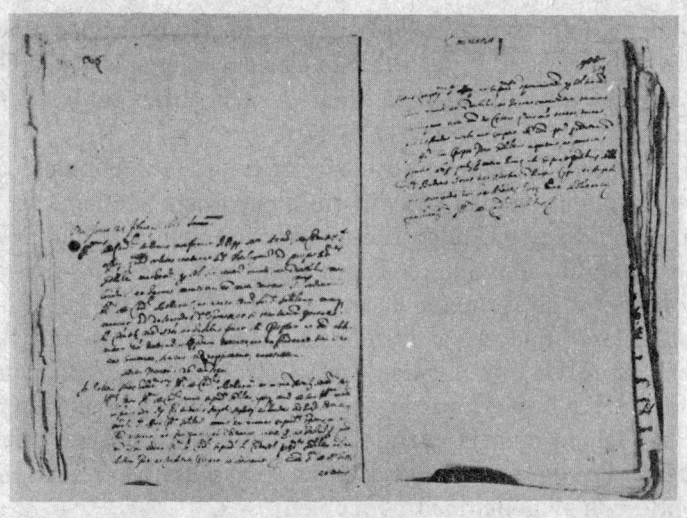

2.5 Documento en que se basó la Inquisición en su juicio contra Galileo (tomado de J. Bronowski, *The ascent of man*, BBC, Londres, 1973)

sido puesto ahí por orden del Papa Urbano VIII, para castigar a Galileo.

2] Von Gebler, en 1876, obtuvo autorización para estudiar los archivos del Vaticano relacionados con el juicio de Galileo; al examinar el famoso documento pensó al principio que era falsificado pero después concluyó que había sido escrito en 1616, entre otras razones porque la tinta y la escritura eran idénticas a las de otros documentos contemporáneos, y porque la marca de agua del papel (una paloma dentro de un círculo) correspondía al que se usaba en 1616 y ya no existía en 1632.

3] En 1927 se usaron rayos X para examinar el documento y se confirmó que corresponde a la época en que Bellarmine se entrevistó con Galileo; sin embargo, eso no excluye que el documento sea falso. Giorgio de Santillana, el profesor de Historia de la Ciencia en el MIT y uno de los expertos en Galileo, cree que un alto prelado presente en la entrevista de Bellarmine con Galileo, disgustado por lo bien librado que había salido Galileo, pidió a un ayudante que insertara un relato más fuerte de los acontecimientos.

4] Stillman Drake, otro estudioso de Galileo, piensa que el

documento representa las opiniones de los Dominicanos presentes en la entrevista, y que durante ésta el cardenal le dijo a Galileo al oído que no prestara atención a la cólera de los Dominicanos.

5] Koestler, el famoso novelista, cree que el documento describe lo que en verdad ocurrió en la entrevista y que el certificado exhibido por Galileo fue una versión atenuada que Bellarmine extendió con objeto de no lastimar los sentimientos del astrónomo y de terminar de una vez por todas con la disputa. Debo aclarar que en su libro[6], Koestler declara que no tiene mucha simpatía por Galileo, entre otras cosas por la manera como trató a Kepler; quizá ésta sea la razón por la que concluye que Galileo mentía cuando afirmaba que no tenía el menor recuerdo de que en la entrevista las cosas hubieran ocurrido de acuerdo con el mencionado documento.

De cualquier manera, unos cuantos días después del interrogatorio los tres consejeros comisionados para examinar el libro de Galileo rindieron su dictamen: era obvio que el sistema de Copérnico era tratado en el libro como si fuera la verdad, en vez de una hipótesis matemática, y que Galileo la enseñaba, la sostenía y la defendía como tal. El Comisario General de la Inquisición visitó a Galileo y le advirtió que sería tratado con mano blanda si admitía sus errores, lo que éste hizo en un escrito donde decía que el orgullo lo había llevado a conjurar argumentos nuevos y convincentes en favor de las ideas copernicanas, pero que si se le autorizaba podría agregar uno o más "días" al Diálogo para quitarle toda su efectividad. Aunque todo podía haber terminado ahí, la Santa Inquisición (quizá hostigada por el Papa) volvió a llamar a Galileo y bajo amenaza de tortura le pidió que declarara cuál era el sistema astronómico que profesaba, a lo que Galileo contestó que él siempre había creído en Ptolomeo y que abjuraba de Copérnico. Dos días más tarde, vestido con el camisón blanco de los arrepentidos y arrodillado ante sus jueces, Galileo escuchó su sentencia en el convento dominicano de Santa María Sopra Minerva: prohibición de su libro, prisión perpetua, y repetición de salmos

[6] A. Koestler, *The sleepwalkers*, Nueva York, Grosset & Dunlop, 1963, pp. 438-495.

penitenciarios una vez por semana durante tres años. Galileo firmó su sentencia y se retiró a su prisión, que fue su granja en las colinas de Florencia; poco tiempo después perdió la vista y finalmente murió en 1642, 9 años después de haber sido condenado. A pesar de todo esto, fue durante este período de confinamiento que escribió uno de sus tratados científicos más importantes, *Discursos sobre dos nuevas ciencias,* publicado en Holanda en 1638, que sentó las bases de una importante rama de la física: la cinética.

V. POSDATA

¿Por qué ocurrió el conflicto entre Galileo y la Iglesia? Dependiendo de nuestras simpatías podemos acusar al Papa Urbano VIII, quien con espíritu vengativo estuvo detrás de la Santa Inquisición, o bien a la actitud conservadora del Cardenal Bellarmine, a las intrigas de ciertos Jesuitas, o bien al carácter obstinado y testarudo de Galileo, o a la ambición económica del impresor de su libro, etc. Como primera aproximación, es posible que este tipo de respuesta, si la tuviéramos, sirviera para redondear el episodio y hasta para algún argumento de cine. Desde luego, se podrían filmar algunas escenas espléndidas en que, durante la noche, una figura furtiva se desliza silenciosamente por los corredores del Vaticano hasta llegar a los grandes armarios donde se guardan los documentos y con mano temblorosa introduce en el sitio apropiado una hoja de papel que va a sellar el destino de Galileo, o bien otras escenas de la Santa Inquisición interrogando a Galileo en un gran palacio, los Inquisidores vestidos de riquísimos ropajes y todos muy parecidos a Orson Welles, etc. Pero esta respuesta, que podríamos llamar histórico-individual, sólo nos explicaría lo que llevó a cada uno de los personajes a actuar como lo hicieron, dejando completamente al margen la contribución de las fuerzas sociales y del ambiente cultural de la época que determinaban su comportamiento.

Una segunda aproximación de respuesta a nuestra pregunta, que podríamos denominar la histórico-conceptual, es que Galileo representó la fuerza que estaba transformando al mundo de clásico en moderno; desde la antigüedad la filosofía había estado dominada por las ideas aristotélicas, profundamente arraigadas no sólo dentro de la Iglesia sino también en los gobiernos, las universidades y hasta en la forma de pensar del ciudadano común. Con el crecimiento de la Ciencia se inició una crisis en el mundo occidental, que veía con inquietud primero y con terror después, el desmantelamiento progresivo de una estructura que le había servido durante siglos y de la cual todavía dependía para su existencia. Galileo y la Iglesia se vieron atrapados en medio de este drama y ambos desempeñaron su papel de acuerdo con su época, ignorantes de que estaban viviendo una transición larga y dolorosa, fatalmente irreversible, donde el resultado sería la emergencia de un mundo nuevo y donde las áreas de influencia de los dos contendientes, Ciencia y Religión, iban a ser más claramente definidas para ambos campos.

Pero todavía es posible una tercera aproximación de respuesta a la pregunta de por qué ocurrió el conflicto entre Galileo y la Iglesia, que nos lleva a la primera parte de esta plática y, con eso, a su ya muy retrasado fin. Me refiero a mi afirmación previa de que los conflictos entre nuestro ser racional y nuestras emociones, entre la realidad que podemos conocer y la ilusión que quisiéramos alcanzar, es algo implícito en nuestra naturaleza humana, algo que todos tenemos incluido en el genoma. Personalmente yo creo que el conflicto entre Galileo y la Iglesia es permanente, individual y cotidiano; que todos nosotros llevamos dentro nuestro pequeño Galileo que nos estimula con terquedad y obstinación a examinar al mundo en forma crítica y rigurosa y a no aceptar aquello que no cumpla con ciertos criterios estrictos, pero también todos llevamos nuestra pequeña Religión, que nos invita a soñar en una vida eterna como premio a la virtud, que nos dicta reglas de comportamiento ético basadas en principios trascendentales, que nos pide la aceptemos como fe. El conflicto es real e inevitable, y se agudiza cuando nuestra atención se dirige a esferas todavía no claramente distinguibles como pertenecientes a uno u otro campo. La única forma de resolverlo es enfrentándose a él, lo que ahora ya puede hacerse sin miedo a morir en la hoguera. Y quizá ya todos ustedes estén de acuerdo conmigo que este conflicto, este enfrentamiento incesante entre la razón y los sentimientos, entre la realidad y nuestros sueños, entre la Ciencia y la Religión, es lo que se conoce con otro nombre más breve: es lo que llamamos Vida.

3. GUIDO MAJNO Y SU LIBRO: "THE HEALING HAND. MAN AND WOUND IN THE ANCIENT WORLD"[1]

I. INTRODUCCIÓN

Hace pocos meses recibí una copia del libro recientemente publicado por el Dr. Guido Majno, que lleva por título *The healing hand. Man and wound in the ancient world.* (La mano que cura. El hombre y sus heridas en el mundo antiguo.)[2] La ocasión fue doblemente memorable pues no sólo hacía ya tiempo que esperaba la aparición de este volumen, sino además me fue enviado por su autor, con una generosa dedicatoria. Hasta ahora lo he leído completo 3 veces, algunas partes las he releído varias veces más, y pienso seguirlo leyendo en el futuro. Desde que recibí el libro pensé en escribir una nota bibliográfica para PATOLOGÍA, deseoso de divulgar su existencia, su importancia y sus muchas cualidades entre los patólogos latinoamericanos. Pero mientras más lo he leído más me he convencido de que es imposible separar a Guido Majno de su libro y, por lo mismo, no se puede redactar una reseña sobre el volumen sin describir al autor. Como yo he tenido la fortuna de conocer a Guido Majno desde hace años (de hecho, desde antes de que empezara el trabajo monumental de su libro) y de llevar una buena amistad con él, me he permitido escribir este comentario bibliográfico de una manera "atípica". El calificativo indica que además de describir y comentar el libro, he incluido algunos datos bibliográficos de Guido Majno y algunos recuerdos personales que, a mi modo de ver, explican la naturaleza extraordinaria del volumen. Todo lo anterior ha sido seleccionado teniendo en cuenta el objetivo primario de estas líneas, que es llamar la atención de los lectores latinoamericanos a *The healing hand.*

[1] Conferencia dictada en octubre de 1975 a la Asociación Mexicana de Patólogos, A.C., publicada en *Patología, 13:* 1975; 471-491.
[2] G. Majno, *The healing hand, mand and wound in the ancient world,* Cambridge, Mass., Harvard Univ. Press, 1975.

II. GUIDO MAJNO

En los forros de la cubierta del libro hay una fotografía de Guido Majno y un texto donde se señala que el autor nació en Milán, Italia, y que se graduó de médico en la Universidad de Milán en 1947; además, de 1961 a 1968 fue profesor Asociado de Patología en la Escuela de Medicina de la Universidad de Harvard en Boston, Estado Unidos, y de 1968 a 1973 fue profesor de Patología en la Facultad de Medicina de la Universidad de Ginebra, Suiza. A partir de 1973, Majno es jefe del Departamento de Patología de la Escuela de Medicina de la Universidad de Massachussetts, en Worcester, Massachussetts, Estados Unidos. La nota agrega, escuetamente, que "ha escrito más de cien artículos científicos".

3.1 Guido Majno en 1975, cuando apareció su libro *The healing hand*

Sin embargo, la foto de Guido Majno contrasta con la augusta imagen sugerida por el currículum anterior. Reclinado en su silla en actitud relajada, con un microscopio enfrente y muchos libros en el fondo, Guido Majno nos mira con una sonrisa amable y no exenta de ironía. No hay la menor huella de superioridad o de arrogancia; lo que parece querer comunicar es su alegría y su buen humor, derivados de su satisfacción en lo que está haciendo y en lo que es. Parece como si en el momento siguiente fuera a cobrar vida y a contarnos una más de las mil y una anécdotas fantásticas que siempre recuerda, con su inglés perfecto de ligero acento mediterráneo...

La primera vez que vi a Guido Majno fue en Londres, en 1961. Yo había aceptado una invitación para participar en un Simposio sobre Inflamación[3], y en el camino a Europa me detuve un par de días en Nueva York, a visitar algunos amigos. Conversando con uno de ellos, el Dr. Gabriel C. Godman, mencioné el destino ulterior de mi viaje y él me dijo: "Entonces vas a estar en el mismo Simposio que el Dr. Guido Majno. ¿No lo conoces?" Le dije que aunque había leído algunos de sus artículos científicos, nunca lo había conocido personalmente. "Entonces debes hablar con él en el Simposio —me dijo Gabriel— porque Guido y tú tienen mucho en común. Seguramente que se harán buenos amigos." Cuando llegué a Londres recordé el consejo de Gabriel y a la primera oportunidad que tuve pregunté por el Dr. Majno; mi anfitrión me lo señaló en un grupo pequeño y me dirigí a él. Para mi sorpresa, en cuanto Guido me vio se separó del grupo y avanzó sonriente, con la mano extendida, diciendo: "Tú debes ser Ruy Pérez Tamayo. Gabriel Godman ya me ha hablado de ti..."

Esa semana en Londres fue realmente inolvidable, pues además de conocer a Guido también tuve contacto con varios de los Grandes de la Patología (Guido los conocía a todos: Florey, Cameron, Payling Wright, y otros muchos). Guido y yo visitamos juntos a George Payling Wright[4] en su pequeño cubículo en el antiguo hospital Guy's, y ahí mismo también saludamos a un hombre ya muy viejo pero todavía trabajando activamente, el doc-

---

[3] L. Thomas J.W. Uhr y L. Grant *Injury, inflammation and immunity*, Baltimore, Williams and Wilkins Co., 1964 (La contribución de Guido Majno en este volumen está en las pp. 58-93.)

[4] G. Payling Wright *An introduction to pathology*, Londres, Longmans, Green and Co., Ltd., 1958, 3a. ed.

tor Grant, que había colaborado con sir Thomas Lewis y había firmado con él varios trabajos famosos, incluyendo el clásico sobre la "triple respuesta" en la inflamación aguda de la piel.[5] Además de participar en el Simposio y de las visitas mencionadas, Guido y yo hablamos continuamente, indefinidamente, maravillándonos frente al paralelismo de nuestras ideas, opiniones y gustos en casi todo. Cuando nos despedimos ya éramos tan buenos amigos como ahora, 15 años después.

Al año siguiente fui a Boston por invitación de Guido, a participar en un curso que él había ideado, de Patología para Graduados No-Médicos.[6] Me hospedé en su casa y conocí a su familia, visité su laboratorio en Harvard y me hice amigo de sus colaboradores, discutí sus trabajos y asistí a sus clases; al terminar el curso, me invitó a pasar unos días en su casa de verano en Martha's Vineyard. De estos y otros contactos más breves el mismo año surgió mi interés de llevarlo a México como Profesor Visitante de Patología, lo que pude hacer a principios de 1963. Apenas tres meses antes de su visita a México se formalizaron los arreglos, y entonces Guido le pidió a su fotógrafo, un cubano exiliado de nombre Eduardo Garciga, que le enseñara español. Cuando llegó a México, Guido dio una clase a mis alumnos del curso de Patología en la Facultad de Medicina, un seminario a mis colaboradores, y una conferencia en la Asociación Mexicana de Patólogos, todas en perfecto español (sin acento cubano).

Para terminar su visita hicimos un viaje en automóvil por el centro de México; Guido absorbía encantado la belleza de nuestro país y tomaba nota de todas sus peculiaridades. En el camino de San Miguel Allende a Guanajuato sufrió un ligero ataque de la "enfermedad de los turistas", y habiéndose aliviado con una piña fresca que compró en el mercado, ofreció un retablo (figura 3.2). En esta breve visita en México, Guido dejó muchos y muy buenos amigos, y la promesa de que nos volveríamos a

---

[5] T. Lewis y R.T., Grant "Vascular reaction of the skin to injury. II. The liberation of histamine-like substances in injured skin; the underlying cause of factitious urticaria and of wheals produced by burning; and observations upon the nervous control of skin reactions", en *Heart*, 11: 209, 1924.

[6] G. Majno "A course in pathology for non-medical students", en *J. Med. Educ.*, 37: 421, 1962.

3.2 El retablo ofrecido por Guido Majno para celebrar su restablecimiento de la "enfermedad de los turistas". (Cortesía de la Dra. Cecilia Ridaura de López.) El editor de la revista *Patología* agregó la siguiente nota: "La mala calidad de la fotografía obedece a que el original es todavía peor. El Dr. Pérez Tamayo me informó que el retablo fue dibujado por el Dr. Majno en un cartoncillo gris de la lavandería de camisas. La reproducción fotográfica necesitó del auxilio de toda una tecnología infrarroja para lograr lo que aquí se ve. ¡Lástima que la holografía todavía no sea accesible!"

ver. A fines del mismo año recibí una invitación para pasar mi año sabático como Profesor Visitante de Patología en Harvard; hasta hoy todavía no sé cómo logró Guido tal hazaña, pero yo acepté y junto con mi familia me fui a Boston durante todo el año de 1964.

Éste fue el año en que Guido empezó a escribir su libro, aunque entonces yo no lo sabía y creo que él tampoco. Con frecuencia conversábamos de los libros que queríamos escribir, y hasta hacíamos planes para producir uno juntos. Yo compartía con Guido el interés en la historia de la medicina y alguna vez me dijo que iba a reunir material histórico sobre las heridas a través del tiempo, para el prefacio o el primer capítulo de una monografía sobre inflamación, tema sobre el que Guido ha hecho contribuciones fundamentales. Pero en 1964 Guido estaba muy ocupado preparando un capítulo sobre la ultraestructura de los capilares para el *Handbook of physiology*[7] y haciendo trabajo experimental al mismo tiempo, así que los planes para la monografía sobre inflamación se vieron pospuestos. A principios de 1965 yo volví a México, aunque a partir de esa fecha cada vez que tenía oportunidad de hacerlo visitaba Boston y conversaba con Guido, y en una sola ocasión pude traerlo otra vez a México, aunque esta vez sólo por 48 horas.[8] Sin embargo, fue en este período cuando Guido empezó a dedicar más y más tiempo a su monumental libro, y cada vez que nos veíamos me hablaba con su entusiasmo característico de nuevos hallazgos y de las peripecias que habían ocurrido mientras obtenía tal o cual información.

Cuando Guido se fue a Europa en 1968, a ocupar el cargo de profesor de Patología en la Universidad de Ginebra, donde años antes había hecho la residencia de su especialidad, pensé que las oportunidades de verlo iban a ser menos frecuentes lo cual resultó cierto. De todos modos, casi anualmente encontraba yo un pretexto para ir a Europa, y siempre que estaba allá me detenía en Ginebra a ver a Guido y a ponerme al día en el progreso del libro. Finalmente, cuando Guido regresó a Estados Unidos de Norteamérica en 1973 y pude visitarlo otra vez, me dijo que el libro estaba terminado y en la imprenta; todavía en 1974 me confió que esperaba ver el libro impreso para la Navidad de ese año, pero no fue así.

Hasta aquí me he referido a mis contactos con Guido y un poco al calendario de su libro, haciendo pequeñas menciones de su carácter y preparación. Como creo que la descripción más directa de Guido Majno como científico y humanista es altamente relevante a su libro, voy a permitirme hacer el retrato escrito de

---

[7] G. Majno, "Ultrastructure of the vascular membrane", en Hamilton, W.F. (ed.), *Handbook of Physiology. Circulation*, vol. 2, sec. 3, 1975.

[8] G. Kátona y J. Robles Gil (eds.), *Panamerican Rheumatology*. Proceedings of the IVth Panamerican Congress of Rheumatology. Excerpta Medica Found., Amsterdam, 1969 (véanse pp. 4-9).

estos aspectos de su personalidad. Guido es el prototipo del aristócrata europeo (aristócrata de la cultura, no de la fortuna ni de la sangre) en quien se ha perpetuado una antigua tradición familiar: la de la educación. La familia Majno es prominente en Italia (en Milán hay una calle del doctor Majno, en honor del padre de Guido, un famoso abogado que sufrió mucho durante la época del fascismo) y me han dicho que la casa de los Majno en Milán es un antiguo palacio. Pero todo esto sería irrelevante si no fuera porque Guido surgió del seno de una familia donde el amor por la verdad y la belleza, y el culto a la generosidad, eran los más altos valores humanos. El resultado fue una educación humanista, con énfasis en los clásicos y en los idiomas (Guido habla perfectamente por lo menos 5 idiomas, que yo le he oído hablar: italiano, francés, alemán, inglés y español; a juzgar por su libro, también traduce asirio, egipcio, griego, árabe, latín, hidú y *algo* de chino...) y un contacto precoz con todos los aspectos del arte. Guido es incapaz de dar una conferencia sin mostrar una o más imágenes de artistas clásicos, las ilustraciones de sus propios trabajos son seleccionadas con apego a estrictos criterios científicos pero sin olvidar nunca la estética, y además es un violinista consumado, que en un momento crucial de su vida tuvo que decidir si dedicarse a la música o a la medicina.[9] Las paredes de sus oficinas (le he conocido 3) siempre muestran bellas reproducciones de cuadros clásicos y de mosaicos romanos, su casa está llena de obras de arte, y 4 de sus 5 sentidos están pendientes de la belleza en todo lo que lo rodea.

Si el párrafo anterior deja la idea de un *dilettanti*, más o menos superficial, he fracasado en mi intento de retratar al autor del libro motivo de este comentario. Guido Majno es todo lo contrario: su información es profunda y sólida, sus conocimientos amplios y seguros, su personalidad es la antítesis de lo superfluo y lo sensacional. Lo que pasa es que, como todos los verdaderamente grandes, Guido lleva su sabiduría con suavidad y sencillez,

---

[9] En una ocasión Guido Majno me mostró, pegado en un álbum de recuerdos familiares, un papel donde el famoso pianista rumano Dinu Lipatti, que era un buen amigo, ilustró con notas musicales el sonido de la motocicleta de Guido cuando llegaba a su clase de música y cuando se iba. Las dos melodías tienen título: "Guido viene..." y "Guido va..."

casi con temor de ofender, y envuelta en un manto claro de alegría y buen humor. Hay que oírlo relatar su primera entrevista con el doctor Erwin Ackercknecht, o dónde averiguó el significado de Ukhendu, o su hallazgo del experto mundial en los poderes curativos de los hongos (esto último, que me lo contó cuando íbamos rumbo a un albergue en Valois, Suiza, mientras manejaba su auto y mantenía a raya a sus hijos, que querían llegar cuanto antes para esquiar, no apareció en su libro).

Pero Guido Majno no es, profesionalmente, ni un artista ni un historiador: es un patólogo. Su interés central no es el diagnóstico histológico, aunque se mueve con soltura entre los diagnosticadores y éstos le tienen respeto como colega;[10] lo que siempre ha atraído la atención de Guido es la patología general, y para ser más específico, el mecanismo de los procesos patológicos generales. Uno de sus trabajos mejor conocidos, cuyo contenido ya ha pasado a formar parte de libros de texto, es sobre el mecanismo de la muerte celular;[11] otro, realizado en colaboración con G. Palade (ganador del Premio Nobel de Medicina y Fisiología en 1974) demostró que la separación de las uniones intercelulares de las células endoteliales de las vénulas es el mecanismo principal del aumento en la permeabilidad vascular en la inflamación aguda;[12] en el mismo campo, Guido ha demostrado que las células endoteliales se contraen como respuesta a varios mediadores químicos cuyo efecto es aumentar la permeabilidad del lecho vascular periférico.[13] En experimentos de gran simplici-

---

[10] Durante una visita a Ginebra me encontré como Profesor Visitante de Patología Quirúrgica al Dr. Raffaelo Lattes, que había aceptado pasar 6 meses sabáticos en el laboratorio de Guido Majno. Éste es sólo uno de los muchos grandes "diagnosticadores" que conocen y respetan a Guido Majno como patólogo.

[11] G. Majno, M. La Gattuta y T. E. Thompson, "Cellular death and necrosis: Chemical, physical and morphologic changes in rat liber", *Virchow's Arch. Path. Anat.*, *333:*421, 1960.

[12] G. Majno y G. E. Palade, "Studies on inflammation. I. The effect of histamine and serotonin on vascular permeability: an electron microscopic study", *J. Biophys. Biochem. Cytol.*, *11:* 571, 1961. (Éste es un trabajo "clásico" en inflación; véase también el que sigue en el mismo número de la revista, pp. 607-641, que tiene algunas de las ilustraciones más bellas que se han publicado por medio del llenado vascular con tinta china.)

[13] G. Majno, S. M. Shea y M. Leventhal, "Endothelial contraction induced by histamine-type mediators", *J. Cell. Biol.*, *22:* 227, 1969.

dad también ha señalado un mecanismo de producción de adherencias peritoneales posquirúrgicas,[14] y entre sus últimos hallazgos está el de la modulación del fibroblasto en miofibroblasto,[15] lo que explica, entre otras muchas cosas, el mecanismo de contracción de las heridas y la patogenia de la enfermedad de Dupuytren.[16] En esta época de biología molecular y microscopía electrónica, que incidentalmente Guido maneja con gran soltura, es refrescante registrar su descripción reciente de un signo precoz de infarto del miocardio,[17] que permite diagnosticarlo desde los 15 minutos de su instalación, por medio de cortes teñidos con hematoxilina y eosina y observados con el microscopio de luz transmitida.

Poseedor de una amplia cultura y de una educación clásica humanista, y siendo al mismo tiempo un investigador científico consumado, los que lo conocemos esperábamos impacientes la aparición del libro de Guido, anticipando que sería una obra espléndida. Pero los años pasaban y el volumen no se publicaba, y además Guido siempre tenía nuevas ideas sobre problemas que podía investigar, más responsabilidades académicas y administrativas, y otras mil distracciones que consumían implacablemente su tiempo. El archivo de fotografías que reunió para seleccionar las ilustraciones de su libro pasó la marca de las 5 000 cuando todavía estaba en Ginebra, y seguía creciendo en forma neoplásica. Guido había obtenido una beca de la Commonwealth Fund para solventar los gastos de la documentación bibliográfica y de las ilustraciones (que no eran poco cuantiosos) pero los fondos hacía tiempo que se habían agotado. Y en medio de to-

---

[14] G. B. Ryan, J. Grobéty y G. Majno, "Postoperative peritoneal adhesions: a study of the mechanisms", *Am. J. Path., 65:* 117, 1971.

[15] G. Majno, G. Gabbiani, B. J. Hirschel, G. B. Ryan y P. R. Statkov, "Contradiction of granulation tissue in vitro: similarity to smooth muscle", *Science, 173:* 548, 1971. (Aunque el primer artículo donde Guido publicó su descubrimiento del "miofibroblasto" apareció en *Experientia, 27:* 549, 1971, en éste presenta extensos estudios farmacológicos además de ultraestructurales: hay datos de inmunofluorescencia en *Proc. Soc. Exp. Biol. Med., 138:* 466, 1971, 1972).

[16] G. Gabbiani y G. Majno, "Dupuytren's contracture: fibroblast contraction?", *Am. J. Path., 66:* 131, 1972.

[17] B. Bouchardy y G. Majno, "Histopathology of early myocardial infarcts: new approach", *Am. J. Path., 74:* 301, 1974.

do esto, transportó sus documentos, sus fotografías, sus libros su casa y su familia a través del Océano Atlántico dos veces, de ida y vuelta, en el lapso de 5 años, indudablemente los que vieron la mayor concentración de sus esfuerzos para completar su libro. ¿Qué clase de volumen surgió de todo ese trabajo?

III. THE HEALING HAND

El libro de Guido tiene 571 páginas y consta de 10 capítulos, una extensa bibliografía de 1 244 citas,[18] 66 páginas de notas bibliográficas y comentarios, 14 páginas de notas sobre las 325 ilustraciones, y finalmente un extenso índice alfabético. En realidad, Guido no escribió un libro sino tres, ya que el texto de los 10 capítulos cuenta como uno, las notas bibliográficas y los comentarios son otro, y las ilustraciones y sus notas valen por un tercero. Además, cada uno de los tres libros es de un tema distinto, pues si el primero es de historia de la medicina, el segundo es de aventuras y el tercero es un tratado de arte antiguo. Obviamente, los tres libros se complementan en forma maravillosa, pero yo los he leído ya independientemente cada uno de los tres y me consta que puede hacerse sin detrimento de su calidad en conjunto. Con el propósito de sistematizar la descripción, voy a referirme a cada uno de estos tres "libros" por separado, para al final volver a tomar la obra como un todo.

A. *Libro I: Los 10 capítulos* (pp. 1-422). Guido explora la historia de las heridas y de su tratamiento en la Prehistoria, entre los Asirios, los Egipcios, los Griegos, los Árabes, los Chinos, los Hindúes, Alejandría, entre los Romanos y en Galeno; inicia su estudio en los huesos fósiles de los primeros habitantes de la Tierra, de hace unos 200 millones de años, y lo termina en el siglo II de nuestra era. Al final hay una pequeña viñeta del papel de los Nestorianos y de los Musulmanes en la conservación del conocimiento médico clásico durante la Edad Media, que lo llevaría hasta el siglo X, pero la verdad es que Guido ya no persi-

---

[18] Las referencias bibliográficas no están numeradas sino ordenadas alfabéticamente y separadas por capítulos; no tuve más remedio que contarlas, pero confieso haber incluido algunas como: Asclepiades, see Green 1955, donde Guido se refiere al personaje griego pero según otro autor. De todos modos, son más de 1 200 referencias completas.

gue la historia de las heridas y su tratamiento no va más allá de los umbrales de la Era Cristiana. En este sentido, y en muchos otros, el libro es intensamente original; yo no conozco ningún otro que haya dedicado tanto tiempo y tanta atención a este período de la historia de la medicina. Casi siempre, los textos de esta materia pretenden abarcarla toda, y entonces el período anterior a la Era Cristiana ocupa uno o dos capítulos, con tratamientos poco originales de los egipcios, breve mención de los asirios, y comentarios hiperbólicos sobre la contribución de los griegos.[19] Tampoco es el libro de Guido un tratado de historia de la medicina en la antigüedad, sino que se concentra casi exclusivamente en la historia de las heridas y su tratamiento. Naturalmente, no es posible examinar este aspecto de la medicina antigua en el vacío, en primer lugar porque no ocurrió así, y en segundo lugar porque no entenderíamos ni los objetivos ni las razones que movían a los médicos de aquellos tiempos a actuar como lo hicieron. Al abandonar toda aspiración enciclopédica y restringirse al campo específico de las heridas y su terapéutica, Guido no sólo se fija una meta bien definida sino que además escoge un área menos sujeta a la adivinanza y a las interpretaciones personales. Es mucho menos difícil identificar una herida en un texto antiguo (asirio, egipcio, hindú, chino) que la gran mayoría de las enfermedades mencionadas por los médicos antiguos, que casi nunca tienen un equivalente con nuestro conocimiento actual.

Otra característica del volumen es que está basado en un análisis personal de las fuentes primarias de documentación. Esto es quizá lo que más me ha impresionado del libro: para examinar la medicina entre los antiguos egipcios, Guido aprendió a leer los jeroglíficos correspondientes, y es tal su satisfacción de poder

---

[19] Desde luego, hay dos excepciones bien conocidas a esto: se trata de los libros de G. Sarton, *Introduction to the history of science*, Baltimore, Williams and Wilkins, 1927-1948 (5 vols.), que trata de cubrir todas las ciencias y es, por lo tanto, demasiado breve en la medicina, aunque mucho más extenso que la gran mayoría de los demás libros, incluyendo muchas historias de la medicina. La otra excepción son los dos volúmenes de H.F. Sigerist, *A history of medicine*, Nueva York Oxford Univ, Press, 1951, 1961, que cubren las mismas culturas que Guido Majno, aunque desde otro punto de vista y con los anteojos del historiador y no del patólogo.

hacerlo que dedica varias páginas a mostrarle al lector los principios de esta ciencia. Lo mismo ocurre con la escritura cuneiforme de los Asirios, y cuando sus conocimientos no le alcanzan para aclarar cómo es posible que la misma palabra (inflamación) se escriba de 3 maneras diferentes, recurre a la máxima autoridad viviente en Asiriología, el profesor René Labat, de París, quien le contesta una detallada carta y Guido procede a reproducir como una de sus figuras la explicación de Labat (figura 2, 23, 255). Para ilustrarnos sobre la medicina griega Guido reconstruye 10 casos clínicos, tomados del Corpus Hipocraticum, y en varios sitios compara las traducciones existentes de Adams y de Littré con la suya propia; algo semejante hace con los hindúes, usando para ello los textos de Charaka y Susruta. Cuando ya ha discutido los conceptos y tratamientos de las heridas entre los griegos, por el iatrós, entre los hindúes, por el vaidya, y entre los chinos, por el yang i, Guido nos regala un párrafo memorable donde compara estos tres puntos de vista (pp. 310-312) que empieza como sigue:

En una reunión en la cumbre de un vaidya, un iatrós y un yang i, habría habido acuerdos en los siguientes puntos básicos: en la importancia de la dieta (pero no en cómo usarla), en el "drenaje" de ciertas enfermedades (pero no en cómo hacerlo —y los chinos también "drenaban" en reversa) y, lo más sorprendente, en un punto teórico tan especializado que cierta forma de comunicación inconciente parece inevitable. Esto es, en la noción de los "aires" como causa de enfermedad.

El libro está repleto de este tipo de reflexiones, lo que hace casi imposible seleccionar algunas para estimular el interés del lector. En mi opinión, uno de los descubrimientos originales (hay varios) comunicados por Guido en este libro con mayor gusto está relacionado con la inflamación. Ya en la sección sobre Celso hay una discusión bellamente ilustrada de los famosos 4 signos cardinales de la inflamación (pp. 370—374) pero al discutir a Galeno (pp. 412-413) y el famoso quinto signo, *functio laesa*, Guido no sólo reitera que Galeno no tuvo nada que ver con el[20] sino que además nos revela quién fue su verdadero autor:

[20] L.J. Rather "Disturbance of function (*function laesa*): the legendary

Rudolf Virchow. Guido parece haberse tropezado con esto por "puro accidente" al estar leyendo *Cellularpathologie*. El párrafo de Virchow citado por Guido dice lo siguiente:

Nadie esperaría que un músculo inflamado llevara a cabo normalmente su función... Nadie esperaría que una célula glandular inflamada secretara normalmente. No puede haber duda —y éste es un punto en que todas las escuelas más recientes están de acuerdo— de que a los cuatro signos cardinales *de la inflamación* debe agregarse la pérdida de la función (*functio laesa*).

Otro de los aspectos sobresalientes y más originales del libro de Guido son sus "experimentos históricos"; en mi última lectura conté los siguientes 12:

1) Efecto bactericida del aceite (p. 53).
2) Efecto bactericida de la malaquita (carbonato de cobre) y la crisocolia (silicato de cobre), pigmentos usados por los egipcios antiguos para cubrir las heridas (figura 3-6, p. 113; figuras 3-22 y 3-23, pp. 114-115).
3) Efecto de la aplicación de grasa en las heridas (Figs. 3-25 y 3-26, p.119).
4) Efecto bactericida de la mezcla de grasa y miel utilizada por los antiguos egipcios en las heridas (figuras 3-27 y 3-28, p. 120).
5) Efecto del jugo de la higuera en la coagulación de la leche (figura 4-10, p. 151).
6) Efecto del jugo de la higuera en la coagulación de la sangre (figura 4-11, p. 152).
7) Efecto auditivo de hervir vinagre ("estertores finos") (p. 171).
8) Vinos de distintos orígenes como desinfectantes (p. 187).
9) Efecto bacteriostático de la mirra (figura 5-11, p. 217).
10) Uso de hormigas como suturas (figura 7-2, p. 307).
11) Sulfato ferroso para revelar la presencia de acetato de cobre (figura 9-1, p. 345).
12) Mezcla antiséptica de Celso (p. 369; inexplicablemente, Guido sólo dice haber preparado la mezcla y agrega: "No hay necesidad de pruebas para reconocerla como antiséptico.")

¿En qué consisten estos "experimentos históricos"? Voy a seleccionar uno de ellos, el número 8 en mi lista, para ilustrar su significado. A lo largo de la historia se han utilizado muchos tra-

fifth cardinal sign of inflammation, added by Galen to the four cardinal signs of Celsus", en *Bull. New York. Acad. Med.* 47, 303-322, 1971.

tamientos distintos para las heridas; uno de los que aparece en forma reiterada a través de los siglos es la aplicación local de vino. Para examinar si este tratamiento tiene realmente algún valor, Guido: "... sacrificó a la ciencia 4 botellas de vino rojo: un Chianti, un Beaujolais, un Dole de Valais, y un Rioja de España". El sacrificio consistió en contaminar alícuotas de cada uno de estos vinos con *Staphylococcus aureus, Streptococcus pyogenes, Escherichia coli, Proteus mirabilis* y *Pseudomonas aeuruginosa*. Al cabo de 6 horas no se recuperaron bacterias vivas, excepto unos cuantos estafilococos, que tampoco aparecieron al cabo de 12 horas. Guido continúa su exploración del fenómeno absolviendo al alcohol, ya que el efecto persiste aunque se elimine del vino, y lo atribuye a polifenoles del tipo de la malvosida. De modo que los griegos tenían razón al cubrir los vendajes de las heridas con vino (debe usarse generosamente y en forma repetida, porque la malvosida se combina con proteínas y se inactiva, "lo que explica por qué el vino no se vende como parte de los equipos de primeros auxilios") por el mismo principio que lord Lister tenía razón al promulgar el uso del fenol (ácido fénico) en los albores de la cirugía antiséptica. Guido termina señalando que el polifenol del vino, la malvosida, es 33 veces más poderosa que el fenol, cuando se prueba peso por peso contra *E. coli*. En este párrafo Guido tiene una cita bibliográfica (la 255) y al consultarla uno aprende que los experimentos fueron realizados por un experto de la Universidad de Ginebra, lo que aumenta su credibilidad; pero en punto y seguido dice:

Por las muestras de vinos griegos estoy muy agradecido a Isabelle Joris y Lisa Piguet, que los trajeron de Creta, y a Dimitrios Nevrakis, que los proporcionó.

Sin embargo, en el texto del "experimento histórico" no se hace referencia a vinos griegos sino italiano, francés, suizo y español. ¿Qué pasó en esos vinos oscuros, dulces y viscosos, del sur de Grecia? No se nos aclara, pero la misma cita me da la oportunidad de mencionar a Isabelle Joris y Lisa Piguet, a quienes también he tenido el privilegio de conocer. Ambas aparecen en el libro varias veces, Isabelle en otros experimentos (en la nota 77 del capítulo 9, donde se describen las condiciones del experimento del sulfato ferroso para revelar la presencia de acetato de cobre, Guido dice: "El experimento. . . fue realizado por la Dra. Isabelle Joris, con su habitual amor y cuidado.") y Lisa emerge primero en la larga lista de los agradecimientos, donde además de reconocer su formidable eficiencia en varios idiomas, su capacidad crítica y su increíble habilidad administrativa, Guido le da las gracias por conservar su sonrisa " . . . aún cuando el trabajo no había terminado el domingo en la tarde. . .". Lisa vuelve a aparecer en los créditos a las fotografías: ella es responsable de la última, una bellísima imagen del templo de Poseidón en el cabo Sounión, en el extremo sur de la Grecia continental.

Isabelle Joris es una patóloga suiza, admirable en su juvenil tranquilidad y en su interés por la ciencia; cuando Guido dejó Suiza para regresar a los Estados Unidos, Isabelle aceptó acompañarlo durante un par de años, pero sus raíces europeas siempre la llaman al Viejo Continente. La última vez que la vi, en casa de unos amigos comunes en Boston, estaba disfrutando de sus últimos meses entre los "nativos americanos", pero ya con nostalgia de sus montañas blancas y sus prados verdes, en ese país de calendario. En cambio Lisa Piguet era la secretaria suiza de Guido en Ginebra: una bella rubia, fuerte y gentil, el retrato de la eficiencia suave pero inexorable. En una de mis vueltas por Europa llegué a Ginebra de improviso y aparecí en la puerta de la oficina de Lisa; aunque sólo la había visto una vez antes (y de esto hacía muchos meses) me reconoció al instante y me obsequió con su famosa sonrisa, más elocuente y más afectuosa que cualquier otro de los muchos gestos estereotipados que el protocolo nos impone. Mientras Guido apareció, rescatado del abismo de una reunión administrativa, Lisa y yo conversamos tranquilamente, a pesar de que los teléfonos no paraban de sonar y ella los atendía en tres idiomas diferentes (Guido le da crédito por encargarse de toda la correspondencia relativa al libro en cuatro idiomas "generalmente no el suyo") y al mismo tiempo preparaba una taza de té para aliviar la espera.

Para terminar estos comentarios sobre el "Libro I", o sea sobre los 10 capítulos de historia de la medicina antigua, quiero señalar un error, del que seguramente Guido ya debe estar enterado, y que es doblemente curioso porque ocurre en la sección que debe haber sido preparada con más interés por él, por Isabelle y por Graeme B. Ryan. Me refiero a la parte del capítulo 9 (pp. 370-374) que lleva el subtítulo "Nacimiento de los Cuatro Signos Cardinales", en las líneas 4 y 5 del primer párrafo: el término asirio *ummu* está identificado con los jeroglíficos egipcios correspondientes a la palabra *shememet*, que a su vez se identifican con el ideograma asirio. Ambos términos significan *inflamación*, y el lector que ya ha leído hasta aquí con atención fácilmente se da cuenta de que el jeroglífico egipcio está ocupando el lugar del ideograma asirio y viceversa. Pero la ironía es que un libro tan complejo, hecho con tanto cuidado y vigilado amorosamente por personas tan eficientes, tenga un error precisamente en el sitio donde se toca uno de los puntos fundamentales de la historia de la inflamación, ¡que desde siempre ha sido el área de interés de Guido![21]

B. *Libro II. Notas al texto.* (pp. 471-537). Arriba he dicho que esta parte del libro de Guido es de aventuras; lo que quiero decir es que al leer las notas bibliográficas y los comentarios se tiene la sensación de estar participando en una exhilarante y variadísima aventura. Pronto nos damos cuenta de que la correspondencia de Guido debe haber sido de un volumen prodigioso y de una gran variedad: por ejemplo, en la p. 472, donde hay 33 notas, Guido agradece a un doctor P. V. Tobias permiso para citar información no publicada, anuncia la publicación ulterior de la descripción de un fósil que hará Stewart (comunicación personal del antropólogo), da las gracias a Konrad Lorenz y Margret Schleidt por unas referencias sobre primates, a la Baronesa van Lawick-Goodall por cartas personales que cita en el texto, y al profesor de Fisiología de la Universidad de Ginebra por sugerir cierta semejanza entre monos y peluqueros o cirujanos.

Resulta difícil seleccionar algunas notas para comentario en vista de la enorme riqueza de esta parte, pero de todos modos he aquí algunas:

☐ Nota 38 (p. 480): Guido señala su única contribución origi-

---

[21] En una carta reciente de Guido Majno me señala que la patogenia de este error no incluye a sus devotos colaboradores; el tipo de los signos

nal a la Egiptología: la versión femenina del término *swnw*, que significa médico. El hallazgo es interesante porque sugiere la existencia de mujeres en la profesión. El hallazgo fue sometido al juicio del Dr. Robert O. Steuer, un eminente egiptólogo francés, quien lo confirmó; Guido procede a discutir por qué otros especialistas de altos vuelos en egiptología no habían interpretado los datos como él y su sugestión es típica: "Probablemente sabían demasiado..."

☐ Nota 118 (p. 492): La nota se refiere al Caso 4, de "pulmón caído", que el *iatrós* va a diagnosticar y a tratar (pp. 158-161). Guido señala en el texto que para el *iatrós* el término significa que normalmente los pulmones se encuentran colapsados cerca del hilio, ya que sólo los ha visto con el tórax abierto; cuando ausculta a un enfermo y percibe "un frote como de cuero", piensa que el pulmón se ha caído desde su sitio y ahora roza con la pared del tórax. Su tratamiento será introducir aire en la cavidad pleural por medio de una jeringa primitiva, con objeto de empujar el pulmón a su sitio original.

En la nota, Guido dice:

Esta interpretación del "pulmón caído" es personal; se deriva de leer a Hipócrates con los ojos del patólogo. El colapso pulmonar es una observación cotidiana en la sala de autopsias. Un comentarista reciente (Baffoni 1943) prefiere leer el pasaje como si el iatrós hubiera introducido la bolsa de aire en la herida, a la manera de un tapón, basado en que actualmente existe un instrumento inflable de goma, con forma de reloj de arena, que se usa como tapón. Yo rechazo esa interpretación por varias razones: es técnicamente poco probable, dificulta la comprensión del último paso en el tratamiento, que consiste en colocar un tapón de estaño sólido, no explica el "pulmón caído" y por lo tanto la razón de introducir aire en el tórax, e ignora las otras dos técnicas basadas en la introducción de aire en el cuerpo.

☐ Nota 183 (p. 494). En el texto, Guido se refiere a su Caso 10, un esclavo escita llamado Xanthias porque es rubio, que acude al *iatrós* a curarse las úlceras de la espalda producidas

para *Ummu* y *Shememet* se perdió en los últimos momentos de la impresión del libro, de modo que nadie tuvo oportunidad de ver la colocacion de los nuevos hasta que ya estaba impreso y no era corregible.

por el látigo del verdugo. El tratamiento incluye la aplicación de un emplasto de apio hervido, pero Xanthias, que habla poco griego, casi no entiende la conversación del *iatrós*. Para un griego, dice Guido, el apio "...sonaría con un tono noble, como el laurel. Le recordaría que los triunfadores de los juegos Ítsmicos y Nemeicos son coronados con apio." La nota en relación con esto es muy breve, pero da idea de la percepción de Guido a los detalles más pequeños:

Esta corona de apio debe haber sido extremadamente transitoria, porque el *sélinon* que yo corté en Selinute ya se estaba marchitando a los 10 minutos. Hay ciertas pruebas de que todavía se usaba en el Siglo I A.D., cuando el Apóstol Pablo estaba en Corinto; quizá ésta era la "corona perecedera" que mencionó en sus escritos (I Cor. 9:25; Broneer 1962 p. 16).

☐ Nota 61 (p. 503). Esta nota se refiere al efecto antiséptico de quemar incienso, que según Thorwald produce ácido carbólico, la sustancia promulgada por Lord Lister para iniciar la era de la antisepsia. Aquí Guido pidió a un químico que probara objetivamente si esto es así, pero aunque resultó químicamente cierto, también fue médicamente irrelevante. Según el químico: "La cantidad de fenoles liberados en la atmósfera de una iglesia están muy lejos de tener un efecto purificador, por lo menos a nivel material." Los datos específicos aparecen en la nota, que dice:

El Profesor P. Favarger, Jefe del Departamento de Bioquímica de la Universidad de Ginebra, aceptó generosamente probar el humo del incienso (goma olibarum) y de la mirra, ambas obtenidas de Fritsche, Dodge and Olcott, Inc., New York. El humo se burbujeó a través de una solución alcalina, para atrapar el fenol, y se probó después por varias reacciones (cloruro férrico, diazotización, nitrato de uranilo). Se encontró fenol pero en muy escasa cantidad; un cálculo aproximado a partir de la reacción con cloruro férrico mostró que 10.5 mg de incienso produjeron unos 15 mg de fenoles totales.

Sospecho que aquí hay un error, pues si las cifras son correctas esto sería equivalente a una transformación casi cuantitativa de todo el incienso en fenoles, y el químico señala que encontró "muy escasa cantidad"; quizá falta un punto (1.5 mg?) o las unidades están equivocadas (15 ug?). De todos modos, la nota es típica del espíritu inquisitivo del libro.[22]

☐ Nota 142 (p. 528). Guido menciona en el texto a las dos fuentes de información sobre medicina romana, Celso y Plinio. La referencia está acotada a Plinio, y dice lo siguiente:

Otras fuentes menores: Scribonius Largus escribió un pequeño libro de *Compositiones* (recetas) y Plinio el Joven escribió todavía otro librito más con el pretencioso título de *De medicina liber tres,* que también es una colección de recetas agrupadas por enfermedades, cuyo propósito es ahorrarle tiempo y problemas a los viajeros ¡que pudieran caer en las manos de médicos incompetentes! Curiosamente, este trabajo de Plinio el Joven —que me encontré en Ginebra en una edición de 1875— no está mencionado en ninguna bibliografía o historia de la medicina que yo conozca; me propongo investigar su autenticidad.

Aquí encontramos no sólo al erudito sino al detective bibliófilo, husmeando en las tiendas de libros viejos en Ginebra y en toda Europa, con los ojos bien abiertos, en búsqueda de algunos de los tesoros restantes y que hayan escapado a las varias generaciones de exploradores de lo mismo que lo han precedido.

☐ Nota 44 (p. 535). Todo el libro es, como Guido, suave e inofensivo; sin embargo, muy ocasionalmente la indignación lo lleva al sarcasmo, como ocurre en esta nota, que habla por sí misma:

Si el Latín de Celso se compara con una copa de vino espumoso, el de Scribonius no está lejos del agua para lavar platos.

Apenas si he mencionado 6 de las 1879 notas al texto,[23] que constituyen este "Libro II" del volumen de Guido Majno; aunque muchas son referencias específicas a las citas bibliográficas, indicando la fuente precisa de su información, otras muchas tienen comentarios como los que he resumido en los

---

[22] Otra vez, Guido Majno explica que en este experimento se quemaron 10.5 g de incienso, lo que aclara la "muy escasa cantidad" de fenoles obtenidos.
[23] Aunque las notas están numeradas, en cada capítulo se inicia otra vez la numeración, así que esta vez lo que hice fue sumar las notas de cada capítulo.

párrafos anteriores. De su lectura cuidadosa se deriva no sólo admiración por su cuidado y su amor por el detalle, sino también una idea de la magnitud de la empresa que llevó a cabo. Finalmente, existen muchísimas "perlas" escondidas en esta parte de su libro, y para recogerlas es necesario examinarla con el mismo cariño con que fue escrito.

C. *Libro III. Ilustraciones y notas* (Ilustraciones en todo el texto; notas en pp. 538-551). Antes mencioné que este "Libro III" contenido en el volumen de Guido es un tratado de arte antiguo, pero las 325 ilustraciones (310 en blanco y negro y 15 láminas a todo color) son algo más que eso. Cuando Guido agradece a su fotógrafo, Jean-Claude Rumbeli, su colaboración en el libro, dice con generosidad característica: "Nunca resentí el comentario de un colega —que mi libro era una serie de leyendas a las fotografías de Rumbeli." No cabe duda que las fotografías son buenas, como también lo son los muchos dibujos y varios mapas que se incluyen en el volumen. Pero lo más atractivo no es tanto la calidad de las imágenes sino el buen gusto con que han sido seleccionadas. Otra vez el caballeroso Guido agradece a Lisa Piguet: "su seguro sentido estético, reflejado en muchas de las ilustraciones". Pero aquí sí que reconozco su personalidad y su influencia absoluta. Estoy convencido de que todas, absolutamente todas las figuras de este libro pasaron el duro examen de su gusto por la belleza, la armonía, la suavidad de líneas y la expresión original de alguna idea.

El "Libro III" permite que el volumen de Majno pueda disfrutarse también como una colección estupenda de imágenes relevantes a la medicina y a la patología. Desde la figura 1-1, que impone cierto dramatismo a todo el libro, Guido se rehúsa a incluir nada que no posea una doble cualidad: que informe, que agregue algo por ella misma, que tenga una historia propia que contar, y además que sea bella, que produzca una emoción estética, que nos alivie de todo el sufrimiento humano contenido en el texto. ¿Cuál es el propósito de las láminas 3-3 y 3-4, reproducidas a todo color, que muestran malaquita y crisocola aumentadas 2x? Simplemente, que son sustancias extraordinariamente bellas. Hay muchas estatuas de Budha, pero la cabeza reproducida en la figura 7.4 transmite la serenidad y la lejanía de sus enseñanzas mejor que ninguna otra. La figura 7.28 sorprende por la delicadeza con que está tratado el tema de la cirugía; el pie de la figura dice: "Hubieron días en que los cirujanos practicaban incisiones hábiles en el tallo de los lotos." El esqueleto de una serpiente (figura 10.8, abajo) usado para recordar el orgullo de Galeno en sus disecciones de distintos animales, describe curvas atractivas a la vista.

Pero si las figuras hablan por sí mismas, su origen revela una vez más la magnitud de esta obra. Antes he mencionado que las 325 ilustraciones fueron seleccionadas de una colección de más de 5000 fotografías y dibujos; si ahora revisamos las notas a las figuras veremos que tienen la procedencia más disímbola, desde el Museo del Hombre en París, y otros muchos museos como el de Historia Natural, en Washington, el Museo Británico, en Londres, el Museo de Egipto, en El Cairo, el Museo del Louvre, en París, el Museo del Estado, en Berlín, el de la India, en Calcuta, y hasta la Biblioteca Apostólica Vaticana, en Roma. Otras figuras provienen de colecciones individuales, como la 1.7, que muestra ayuda médica entre dos chimpancés, proporcionada por el doctor Walter Miles, un psicólogo que las tomó personalmente y después procedió a perder los originales, o la 1-27, un cráneo prehistórico con signos de cirugía en 4 sitios diferentes, acreditado al profesor Enrico Atzeni, de Cagliari, Sardinia, y que formaba parte de los restos de una tumba saqueada, o la figura 3.20, con la técnica inmemorial para obtener opio fotografiada en Laos en 1972, atribuida lacónicamente a "la Sra. D. Darbois, París". Finalmente, todavía quedan otras figuras cuyo crédito es, por decir algo, peculiar; por ejemplo, la lámina 3.7, que muestra miel encontrada en Paestum, donde estuvo enterrada por 2500 años, y que fue proporcionada por el profesor Mario Napoli, Superintendenza alle Antichitá, Salerno, Italia. El pie de la figura dice que el "color, consistencia y adhesividad de la miel antigua eran muy semejantes a lo normal (el sabor todavía no se prueba)". Otra figura de procedencia interesante es la 9.3, un diente fosilizado de tiburón, "Encontrado por mi hija Corinne en la bahía de Gay Head, Mass., donde los fósiles datan del Mioceno (12-20 millones de años)". Finalmente, la lámina 7-2, que muestra el uso de hormigas (*Eciton burchelli*) para suturar

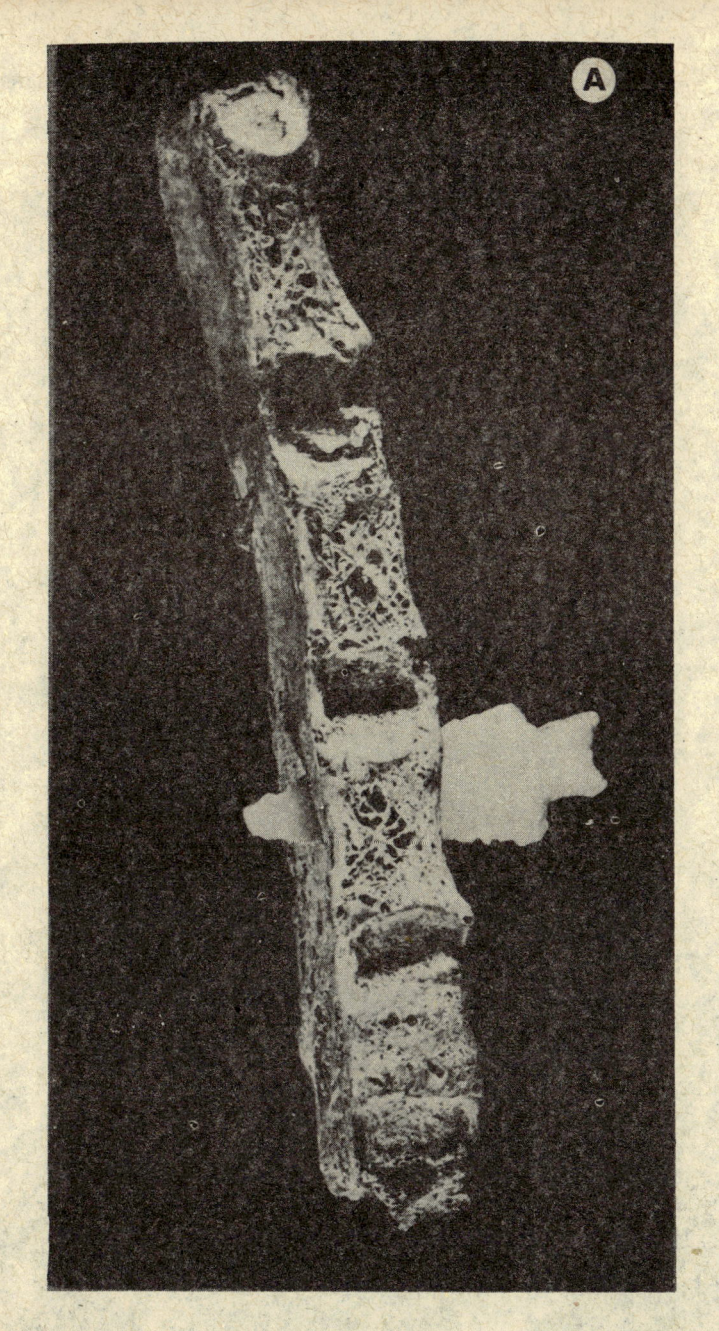

3.3 Algunas de las 325 ilustraciones del libro. *A* es la figura 1.1, donde se aprecia una punta de flecha de piedra atravesando un esternón humano (pieza prehistórica encontrada en la Patagonia); *B* es la figura 7.4, una cabeza de Budha del siglo v-vi A. D; *C* es la figura 7.28 que pretende ilustrar la destreza de los cirujanos hindúes; *D* es la figura 10.8, esqueleto de una serpiente como debe haberlo estudiado Galeno

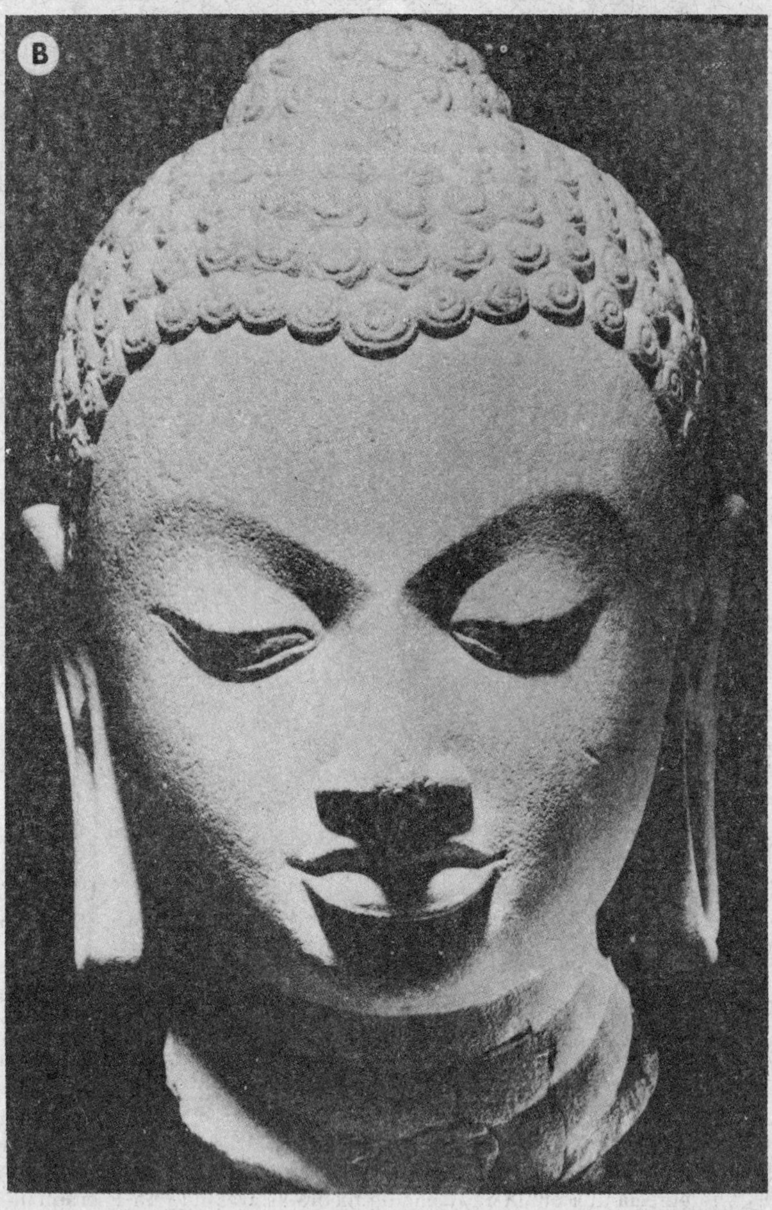
B

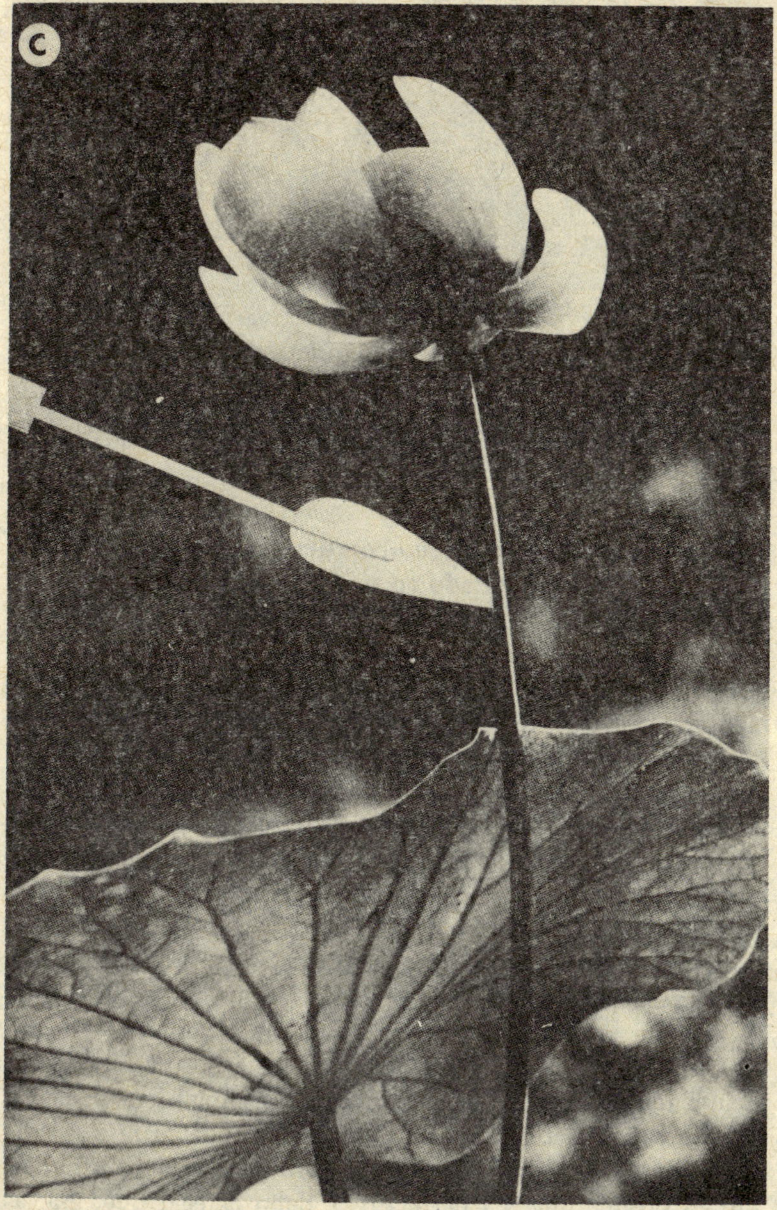
C

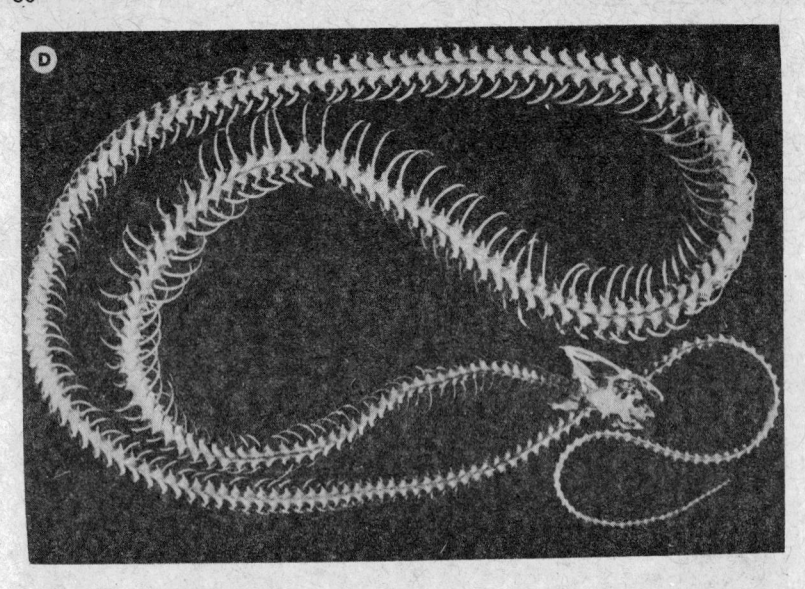

heridas; el experimento, hecho con una hormiga muerta en una rata muerta, fue "Retratado en mi laboratorio con la ayuda de la Dra. I. Joris". ¡Otra vez la ubicua Isabella, participando en la obtención de esta sorprendente imagen!

Los "tres libros" en uno. Finalmente, deseo agregar un comentario breve sobre el libro de Guido como un solo volumen. La razón es que sería injusto no rendir tributo a los que lo realizaron como objeto de uso, o sea la Harvard University Press. Desde el punto de vista tipográfico el libro representaba un problema formidable, o mejor dicho, un número enorme de problemas formidables: la mezcla de varios alfabetos en distintos capítulos, el arreglo armónico de tantas y tan distintas ilustraciones, el balance del texto y figuras, etc. Todos fueron bellamente resueltos, empezando por la selección del papel mismo en que fue impreso, que no refleja la luz y permite leerlo sin molestias, hasta los detalles más complejos de la tipografía, incluyendo los pictogramas asirios y los jeroglíficos egipcios; en mis varias lecturas no he descubierto todavía ni una sola errata tipográfica, aunque estoy seguro de que debe tenerlas; ¡no es posible que sea perfecto! Y debo agregar que, gracias a un donativo de la Commonwealth Fund, el precio del libro (25.00 dólares) lo transforma en una verdadera ganga, sobre todo si recordamos lo que libros de un tamaño semejante y con un número comparable de ilustraciones (pero, desde luego, de contenido mucho menos interesante) están costando ahora.

Para el patólogo, el libro de Guido tiene muchos mensajes importantes, pero quizá el que sobresale de todos los demás es que los médicos no estamos solos; formamos parte de una larga tradición, tan antigua como la vida y la enfermedad, y cuando usamos nuestra capacidad de observación crítica para analizar la enfermedad, nos acompañan el asu, el swnw, el iatrós, el vaidya y el yang i, el medicus, Celso y Galeno. Esta sensación de formar parte de un colegio invisible, de ser miembro de una hermandad que se extiende a lo largo de toda la historia, es una de las grandes satisfacciones de la Medicina. El ejercicio diario de la profesión tiende a borrar la presencia de nuestros colegas de otros tiempos, sus problemas y sus soluciones; el libro de Guido sirve para recuperarlos y conservarlos ante nosotros, y para enseñarnos cómo vamos a aparecer a los ojos de los que vendrán después, dentro de muchos años, a ocupar nuestro lugar. Ojalá que cuando ya seamos historia, los que nos juzguen lo hagan con la capacidad y la compasión con la que los antiguos han sido recreados en este maravilloso libro, *The healing hand*, por Guido Majno.[24]

---

[24] Finalmente, el autor de *The healing hand* me pide que mencione algo que yo no sabía; en los arreglos con el Commowealth Fund quedó establecido que si algo hubiera llegado a sucederle a Guido Majno antes de la terminación de su libro, todos sus archivos, notas, ilustraciones y otros elementos que finalmente dieron origen al volumen deberían haber sido puestos bajo mi custodia. Por fortuna para el libro, para sus lectores y para todos los que conocemos a Guido Majno, esto no sucedió.

4. PROBLEMAS DEL ENFERMO CRÓNICO Y DEL ENFERMO DESAHUCIADO[1]

I

La invitación para participar en este IV Congreso Médico Peninsular, hecha por su ilustre presidente y mi buen amigo, el doctor Carlos Urzáiz Jiménez, se caracterizó por su generosidad. Con discreción me sugirió que hablara sobre problemas del enfermo crónico y del enfermo desahuciado, pero que en realidad yo podía hablar de lo que quisiera. Al aceptar, lo hice con la conciencia de la grave responsabilidad que representa hablar ante un grupo tan distinguido de colegas, y con la decisión de seguir fielmente las indicaciones de la invitación. Por lo tanto, voy a hablar de lo que yo quiera, pero en relación con el enfermo crónico y el enfermo desahuciado; en otras palabras, he seleccionado en forma arbitraria algunos de los muchos problemas que surgen dentro del tema general, sin pretender resolverlos o siquiera planteralos en forma definitiva, sino simplemente comentarlos desde mi muy personal punto de vista. Espero que lo que se pierde en extensión se gane en profundidad, aunque no puedo garantizarlo de antemano; quizá lo único que puedo garantizar es que no hablaré más de 50 minutos, con lo que espero tranquilizar a los más alarmados de ustedes. Y antes de entrar en materia, deseo dedicar mi presentación a mi buen amigo el Dr. Carlos Urzáiz Jiménez, como humilde homenaje a nuestra amistad.

II

Vamos primero con el enfermo crónico. ¿Qué es un enfermo crónico? ¿Cómo podemos definir a este sujeto tan frecuente en Medicina? Quizá lo más sencillo sea decir que se trata de un

---

[1] Conferencia dictada en febrero de 1977, en el VIII Congreso Médico Peninsular, Mérida, Yucatán; publicada en las *Memorias del VIII Congreso Médico Peninsular*, 1977, pp. 26-39.

paciente que sufre de una enfermedad crónica, pero esto es posponer el problema, porque ahora debemos definir lo que entendemos por una enfermedad crónica. Los libros señalan que, de acuerdo con su duración cronológica, las enfermedades se dividen en agudas, subagudas y crónicas, y algunos textos de patología sugieren que los padecimientos agudos duran días, los subagudos semanas y los crónicos meses o años. No he encontrado mayor precisión ni tampoco creo que sea necesaria, sobre todo cuando se trata de calificar algo tan variable como el tiempo que dura un padecimiento dado; por ejemplo, la faringitis producida por estreptococos es generalmente una enfermedad aguda, la glomérulonefritis postestreptocócica es casi siempre subaguda, mientras que la fiebre reumática es crónica. Lo que nos interesa aquí es preguntarnos cuáles son los factores que determinan la duración de los distintos padecimientos, y mi respuesta es que son de dos tipos generales: en primer lugar, la historia natural de la enfermedad de que se trata, y en segundo lugar la eficiencia de las medidas terapéuticas con que contamos para combatirla. Veamos cada uno de ellos por separado.

La historia natural de un padecimiento se refiere a todas las características que muestra durante su evolución, desde la etapa preclínica hasta el final de sus manifestaciones, que puede coincidir con la recuperación del enfermo o con su muerte. Muchos padecimientos son de corta duración por su propia naturaleza, o sea por su historia natural, como por ejemplo el sarampión, que en la mayor parte de los casos dura una semana debido a que el organismo afectado toma este tiempo para sintetizar los anticuerpos que destruyen al virus y confieren inmunidad permanente, o como la hemorragia en el bulbo, que rápidamente termina con la vida del paciente por parálisis respiratoria. En estos y muchos otros ejemplos la corta duración del padecimiento es intrínseca a las condiciones de la interacción entre el organismo y el agente nocivo, e independiente de lo que el médico haga para combatirlo. Es el caso famoso del catarro común, que sin tratamiento dura 7 días y con tratamiento se cura en una semana. Que la historia natural de ciertos padecimientos determina que sean de corta duración no es una tautología, no estoy diciendo que las enfermedades agudas son aquellas que duran poco tiempo, sino que su corta duración se debe a los mecanismos de agresión y de defensa que se ponen en juego al ocurrir el desequilibrio en la homeostasis; en otras palabras, cuando un padecimiento tiene una historia natural corta esto resulta de procesos biológicos, algunos bien conocidos y otros menos, y no es consecuencia de fenómenos sobrenaturales, de buena o mala suerte, o de concesión o castigo divino.

El otro grupo de factores que determina la duración de un padecimiento es la eficiencia de nuestras medidas terapéuticas para combatirlo. El uso oportuno y juicioso de los antibióticos ha transformado en agudos muchos padecimientos infecciosos que antes de la era de la antibioterapia se hacían crónicos con mucha frecuencia, y lo mismo puede decirse de otros procedimientos terapéuticos que cumplen con los principios del tratamiento médico y quirúrgico curativo, que son eliminar completamente al agente causal, restituir la integridad anatómica y funcional de los tejidos afectados, y en muchas ocasiones posponer la muerte. Un tratamiento adecuado puede interrumpir la evolución de una enfermedad aguda y hacerla más breve todavía, puede detener un padecimiento naturalmente crónico y transformarlo en agudo; sus características deben ser que se aplique con oportunidad y que sea efectivo. Debe mencionarse con humildad que, por desgracia, no hay muchos tratamientos que cumplan con estas características en forma completa.

Pero nuestro interés son los enfermos crónicos, así que volvamos a ellos. Los factores que determinan que un padecimiento sea de larga duración son los mismos dos ya mencionados: su historia natural y la eficiencia de nuestros tratamientos. Un ejemplo bien conocido y por desgracia frecuente de enfermedad crónica es la artritis reumatoide; en este caso la historia natural del padecimiento dura muchos años o toda la vida, con épocas de remisión y otras de agravamiento, y progresivamente lleva en muchos casos a incapacidad funcional con deformidades articulares, sobre todo de las articulaciones distales. Por otro lado, las medidas terapéuticas conocidas son notoriamente ineficaces y están limitadas a unos cuantos fármacos analgésicos y otros antiinflamatorios, así como a procedimientos quirúrgicos y de rehabilitación. Aquí es bien clara la doble patogenia de la cronicidad del padecimiento: por un lado, su historia natural, que determina el sufrimiento continuo y progresivo de los tejidos afectados, y por otro lado la impotencia de nuestras medicinas terapéuticas, incapaces de interrumpir esa historia natural, a cuya evolución implacable asisten como testigos mudos y equivocados, afanándose por aliviar los síntomas pero sin hacer nada contra el trastorno básico del padecimiento. Éste es el primer problema del enfermo crónico que deseo señalar, entre otras razones porque nos atañe a nosotros como médicos. ¿Por qué hay enfermos crónicos? Haciendo a un lado el papel desempeñado por la historia natural del padecimiento, debemos aceptar que los enfermos crónicos existen porque no sabemos curarlos. Cada enfermo crónico es un testigo de nuestra garrafal ignorancia, señalada con índice de fuego por la existencia de estos pacientes, proclamada por sus sufrimientos, subrayada por su vida marginal e incompleta, por su mera imitación de una vida plena, por lo que eufemísticamente se llama "sobrevida" pero que apenas debería llamarse "supervivencia". Las enfermedades crónicas son un recordatorio de lo poco que hemos aprendido los médicos sobre los mecanismos íntimos de los procesos patológicos, son una exhibición lastimosa y pública de nuestra incapacidad profesional, son la condena definitiva de la actitud equivocada de la profesión medica, que ha puesto todo su interés y su énfasis en la terapéutica curativa.

III

El objetivo de la Medicina —dice Wynder— es lograr que el hombre muera joven y sano, lo más tarde que sea posible. El desiderátum de la Medicina no es encontrar el tratamiento adecuado para todas las enfermedades, sino las medidas eficaces para evitarlas. La Medicina debe ser la ciencia de preservar la salud, no de curar las enfermedades. Nuestra actividad central debería ser la profilaxis, no la terapéutica. La inversión del orden lógico y natural de nuestras actividades, que son principalmente terapéuticas y no profilácticas, se justifica generalmente con razones históricas y tradicionales, y con argumentos de necesidad de acción frente a la realidad. Después de todo —decimos los médicos— nosotros somos herederos de una rica tradición y de una muy antigua historia; desde siempre los médicos hemos sido llamados al lado del lecho del que sufre y necesita ayuda, del doliente que nos presenta con un hecho consumado, su enfermedad, y nos pide que lo curemos; desde siempre hemos tratado de hacerlo lo mejor que podemos, pero con frecuencia la Naturaleza nos lleva la delantera y es poco lo que nuestro maletín contiene para detener la marcha inexorable de muchos padecimientos. Además, aunque nuestra terapéutica sea banal e ineficaz, no tenemos otra cosa que ofrecer; ¿vamos a cruzarnos de brazos frente al dolor, frente a la miseria física, frente a la mirada suplicante del enfermo y sus familiares, que no tienen a nadie más en la Tierra que los pueda auxiliar? Estos y otros argumentos similares son válidos porque provienen de la experiencia humana de todos los días; negarlo sería desconocer nuestras raíces y nuestra realidad cotidana. Pero no debe pasarse por alto que son argumentos de emergencia, que se refieren a una situación cronológicamente limitada (apenas unos 2000 años, cuando *Homo sapiens* lleva más de 50 000 años de caminar por el mundo) y que esconden a esa gran enemiga de la humanidad, que tanto daño causa y que se resiste tanto a ser eliminada: me refiero a la Ignorancia. Nuestra terapéutica es curativa y no preventiva, nuestra medicina está orientada al tratamiento de los hechos consumados, en vez de dirigirse a evitar que estos hechos ocurran, por una simple y humana razón: porque somos unos ignorantes, porque no sabemos lo suficiente para actuar de otra manera. La ignorancia nunca debe aceptarse como justificación de un hecho o de un estado de cosas; podrá ser la explicación de nuestra postura frente a ciertos fenómenos de la Naturaleza en un momento dado, pero debe ser reconocida como la verdadera culpable, como la principalmente responsable de que nuestra profesión, la Medicina, todavía se encuentre en este lamentable estado de subdesarrollo, y de que a pesar de ella (y algunas veces a causa de ella), los seres humanos sigan condenados al desgaste económico, a la miseria física y al sufrimiento intelectual y emocional que representan las enfermedades crónicas.

Thomas[2] ha clasificado la tecnología en la terapéutica médica en tres niveles, que son los siguientes:

1] Un gran grupo de acciones cuya eficiencia terapéutica es imposible de medir, que se usan con mucha frecuencia y que se conocen como "medidas generales". Incluyen lo que antes se hacía por los enfermos de difteria, meningitis, neumonía lobar y otras enfermedades infecciosas, cuando no se contaba con antibióticos, y lo que se hace ahora con casos de artritis reumatoide grave, cirrosis hepática, esclerosis múltiple, hemorragia cerebral o neoplasias avanzadas, para los que no existe ningún tratamiento dirigido a interferir con los mecanismos íntimos del padecimiento que desconocemos. El costo de estas medidas generales es muy elevado y, como todo en la vida, se eleva cada vez más; no sólo requiere de mucho tiempo y experiencia por parte del médico, sino también de personal paramédico especializado, hospitalización, muchas drogas y otras medicinas, etcétera.

2] El segundo tipo de tecnología médica la denomina Thomas como tecnología "a medias", e incluye la mayor parte de la terapéutica curativa, que en la actualidad constituye el principal esfuerzo de la medicina. Se refiere a las acciones que se toman frente a las distintas enfermedades con el doble propósito de eliminarlas y de compensar sus efectos incapacitantes en el organismo; con frecuencia se agrega otro objetivo, que es el de posponer la muerte. Un ejemplo claro de esta tecnología son las unidades coronarias, con todo y ambulancias especiales, personal paramédico especialmente entrenado, numerosos instrumentos electrónicos y médicos cardiólogos expertos; todo esto para enfrentarse a las consecuencias de una oclusión coronaria. Y todavía quedan los recursos ulteriores de la cirugía, con la revascularización y el transplante de corazón al final de la lista. Otro ejemplo de esta tecnología médica "a medias" es el tratamiento de muchos cánceres, que se usa cuando el paciente se presenta al médico con su tumor ya establecido. Como no hay duda de que la terapéutica curativa tiene éxito en ciertos casos, es indispensable multiplicar las unidades donde se lleva a cabo, construir

---

[2] L. Thomas, *The lives of a cell. Notes of a biology watcher*, Nueva York, The Viking Press, 1974, pp. 31-36.

todas las que se pueda, con quirófanos y bombas de cobalto y personal especializado, estirando el dinero hasta donde alcance, aunque en la conciencia nos quede la certeza de que el dinero nunca alcanzará para todos los que necesitan esta clase de atención médica. En un país pobre como el nuestro las posibilidades económicas limitan el número de sitios capacitados para proporcionar este tipo de tecnología "a medias", y uno siempre está dispuesto a entender el argumento definitivo de las autoridades para explicar la pobreza de los servicios médicos al público general, que es "no hay dinero". Pero en países superdesarrollados el problema es exactamente el mismo: la tecnología "a medias" aumenta sus costos y se hace cada vez más difícil de alcanzar para las grandes masas que la necesitan, como consecuencia de la introducción de nuevas máquinas técnicas más especializadas, la espiral inflacionaria de las sociedades de consumo que conocemos. De modo que la tecnología "a medias", a pesar de que los periódicos se refieren a ciertos aspectos de ella como "grandes avances" (como en el caso de los transplantes de órganos) es en realidad muy primitiva; es lo que estamos obligados a hacer porque desconocemos los mecanismos íntimos de la enfermedad responsable del daño al organismo.

3] El tercer tipo de tecnología médica señalado por Thomas es la "genuina" y es tan efectiva que casi no se nota, no se le presta atención; ya se acepta como natural en nuestra vida cotidiana. El mejor ejemplo son las vacunas contra la difteria, la tos ferina, las enfermedades virales infantiles, los antibióticos en el manejo de enfermedades infecciosas, las hormonas en el tratamiento de padecimientos endocrinológicos, la eliminación de la eritroblastosis fetal, y otros, aunque no son muchos, y desde luego no tantos como gustan de señalar algunos panegíricos de la medicina. Lo característico de esta tecnología es que se basa en la comprensión del mecanismo de la enfermedad, y cuando se hace accesible es barata (comparada con las otras tecnologías) es simple de manejar y puede ofrecerse en gran escala, a todos los necesitados, sin que el país deba hacer esfuerzos económicos excesivos para lograr su objetivo. En mi bola de cristal yo veo el futuro de la Medicina como la conquista, lenta pero inexorable, del conocimiento necesario para transformarse en una actividad que reduzca el uso de medidas terapéuticas al mínimo compatible con la vida libre y plena de los seres humanos (accidentes y fracturas siempre habrá) mientras ve crecer en forma vigorosa todas esas medidas profilácticas que permitirán evitar la aparición de enfermedades degenerativas, de todos los padecimientos infecciosos y del cáncer. Mientras este futuro llega (dudo que ninguno de los que estamos aquí lo veamos) continuemos con nuestro ejercicio profesional curativo, con nuestras pequeñas y ridículas medidas terapéuticas, de eficiencia mínima y discutible, tratando de modificar la historia natural de las enfermedades. Es una labor noble y tiende a alejarnos de nuestros orígenes animales; pero no nos engañemos respecto a su verdadera naturaleza, que es la de una actividad de emergencia, una alternativa de segunda clase que se lleva a cabo mientras se alcanza el conocimiento necesario para cambiar la medicina de curativa en profiláctica, alejándola de la ignorancia sobre los mecanismos básicos que producen la mayor parte de las enfermedades.

IV

Veamos ahora el otro miembro, apenas mencionado hasta aquí, del binomio médico-enfermo. Un paciente que sufre una enfermedad crónica es un sujeto sometido a un régimen diferente de vida; desde luego, no estoy hablando del individuo que ha perdido en forma irreversible la conciencia y que subsiste gracias a un respirador y a todo el aparato hospitalario que lo rodea. Para mí, éste es un vegetal cuya persistencia dentro del mundo de los vivos se debe al peso de tradiciones seudorreligiosas y seudoéticas, que no dudan en erogar cifras astronómicas para conservar unas mitocondrias sintetizando ATP, mientras niegan la centésima parte de esta cifra en mejorar la educación y la alimentación de millones de seres vivos en el resto del mundo. De nuevo deseo enfatizar que la vida es calidad, no cantidad; que estar vivo es más que respirar, defecar o mover las extremidades; que la vida es conciencia, pero no de dolor, de tragedia y de miseria, sino de toda la riqueza emocional e intelectual de que es capaz el ser humano, que se traduce en generosidad, en relaciones humanas adultas y productivas, y en creatividad, en la generación de configuraciones nuevas y no experimentadas previamente, que resultan en ese experimento maravilloso del que sólo el ser humano es capaz; la Aventura del Pensamiento.

Un enfermo crónico es, pues, un ser humano cuyas potencialidades están limitadas, cuyos mecanismos de adaptación frente a las amplias variaciones del medio ambiente están restringidos y sólo le permiten existir y funcionar dentro de límites muy estrechos; su repertorio funcional y psicológico se ha reducido drásticamente en vista de que una buena parte de su versatilidad se ocupa en atender a ese nuevo huésped que consume energías y demanda atención continua y dedicada: su enfermedad. Un enfermo crónico es como un país ocupado por un ejército enemigo: sigue funcionando, pero ahora las reglas de su vida están determinadas por el poder ajeno, que dicta nuevas leyes y exige su cumplimiento riguroso e inexorable. Imaginemos un enfermo con tuberculosis pulmonar bilateral y cavitada, en quien se demuestran bacilos de Koch en el esputo; aunque en el momento del diagnóstico su vida ya no cambia como antes, como la de los personajes de *La montaña mágica*, de Thomas Mann, no cabe duda que su existencia se modifica de manera importante, ya que debe someterse a un régimen terapéutico por tiempo indefinido, a exámenes repetidos y al cambio de sus actividades, aparte de la tremenda carga psicológica que constituye el saberse enfermo de algo grave que no se cura pronto. O bien otro enfermo con cirrosis hepática, padecimiento para el que no existe ningún tratamiento efectivo conocido y que debe aceptar un régimen de vida muy diferente al que podemos disfrutar los que no tenemos (todavía) esta enfermedad. O bien otro enfermo que sobrevive un infarto del miocardio pero en el que persisten algunas manifestaciones de aterosclerosis generalizada.

Estos y muchos otros ejemplos de enfermedades crónicas, a pesar de grandes diferencias en etiología, en mecanismos y en gravedad de sus consecuencias, tienen algo en común; todos disminuyen la riqueza potencial de la vida del enfermo y canalizan la mayor parte de sus energías restantes en un sólo objetivo, que es su enfermedad. La respuesta a esta nueva situación es tan variable como numerosa es la humanidad doliente: hay enfermos crónicos optimistas, deprimidos, comunicativos, preocupados, angustiados, molestos, pesimistas, temerosos, presumidos, estoicos, dolientes, impacientes, resignados, pedantes, indiferentes, megalómanos, dependientes, cobardes, incapaces, celosos, valientes, y otras muchas cosas más, pero todas en relación con su enfermedad, alrededor de la cual giran como los buitres cuando vuelan encima de un animal muerto, o como los girasoles cuando se desplazan siguiendo el camino del sol en el cielo. Se requiere una madurez excepcional para aceptar que, entre las diferencias que nos distinguen a todos los seres humanos entre nosotros, una más puede ser mi enfermedad; tales sujetos existen (todos hemos conocido alguno) pero si nos viene ahora a la memoria es porque era precisamente eso: una excepción. La regla es que la personalidad del enfermo crónico esté completamente dominada por su enfermedad, de la que no puede librarse y a la que dedica la mayor parte de su atención, de su interés y de su energía.

Esta situación crea conflictos de distintos tipos y en diferentes niveles, como son el individual, el interpersonal, el familiar, el social, etc; quizá los únicos médicos que han examinado las consecuencias de algunos de estos conflictos y han intentado hacer algo para aliviarlos son los psiquiatras, pero ni aun entre ellos tal actividad ha recibido atención suficiente. No existe la especialidad médica que podría llamarse "cronicología", aunque en ciertas ramas de nuestra profesión, como la neurología o la dermatología, el número de enfermos que cae dentro de este grupo es muy grande y los problemas relacionados con la cronicidad de los padecimientos igualan, si no es que superan, a los clásicamente aceptados como pertenecientes a la especialidad. Y es que nosotros hemos creado las especialidades médicas siguiendo dos criterios diferentes: por aparatos y sistemas (gastroenterólogo, neumólogo, cardiólogo), o por metodología (radiólogo, cirujano, patólogo); lo que me recuerda el letrero que anunciaba la dedicación de un médico hace años en la ciudad de México: "Especialista en vías nerviosas y urinarias". Pero no hemos desarrollado especialidades por la cronología de la enfermedad, no hay especialistas en enfermedades agudas (aunque el pediatra es casi esto) ni en enfermedades crónicas (aunque al geriatra le toquen ver muchos casos de este tipo).

Resulta, pues, que no existe un cuerpo de conocimientos que nos permita manejar en forma inteligente los problemas específicos derivados de la cronicidad de muchos padecimientos; frente a ellos no somos mejores que los vecinos caritativos o que los curas, ya que nuestras armas, en vez de ser científicas y/o médicas, son simplemente la compasión, los buenos deseos de ayudar y la autoridad que nos confiere la bata blanca ante el enfermo. ¿Qué hacer con el hombre dinámico, trabajador y feliz, que repentinamente sufre una hemorragia cerebral que lo deja con una hemiplegia, limitado a una silla de ruedas, incapacitado en forma permanente, reducido a ser un testigo de la vida en que antes participaba con tanta alegría y entusiasmo? ¿Cómo reaccionamos cuando lo vemos entrar al consultorio, cuando nos pide que lo saquemos de ese abismo físico y mental en que se encuentra, que le devolvamos la salud perdida? ¿Tenemos algo más que palabras caritativas, un intento superficial de persuasión, unas palmaditas afectuosas y alguna frase idiota como: "Ánimo, amigo, hay que enfrentarse a la adversidad con valentía. . ."? Si el paciente que acude a nosotros es un niño con diarrea, estamos preparados para actuar y la mayor parte de las veces lo hacemos muy bien, tenemos armas para hacerlo, podemos establecer la etiología del padecimiento, usar las drogas específicas, recomendar las dietas adecuadas, seguir a nuestro enfermito en su convalecencia y darlo de alta curado. Pero para manejar a un enfermo crónico, con una lesión neurológica como la mencionada antes, o con vitiligo, o con enfisema pulmonar, o con aterosclerosis generalizada, tenemos bien poco o no tenemos nada. No tenemos medicinas específicas y nuestra terapia llamada de "sostén" sólo sirve ocasionalmente para manejar complicaciones agudas, la mayor parte infecciosas; y para tratar los problemas personales, familiares y sociales que se derivan de la cronicidad del padecimiento ni siquiera tenemos suficiente información, ni siquiera los hemos incorporado al campo de la medicina.

Si la existencia de las enfermedades crónicas se debe a su historia natural, sumada a nuestra incapacidad para interrumpirlas y curarlas, la situación es dramática y puede adjudicarse a nuestro interés médico, que se ha derivado hacia la terapéutica curativa en lugar de hacerlo hacia la profilaxis; pero nuestra impotencia frente a los múltiples problemas psicológicos, familiares y sociales derivados de la cronicidad de muchas enfermedades es trágica, porque se basa en una actitud demasiado estrecha, demasiado restringida de la medicina. El impacto de la enfermedad crónica en el paciente, sus diversas manifestaciones, los mecanismos de su reacción, el manejo apropiado de los problemas humanos surgidos de la interacción entre el hombre y su padecimiento crónico, son todos problemas suceptibles de definición rigurosa, de estudio científico, de análisis experimental, que los médicos hemos dejado a un lado, al margen de la medicina, esperando que nuestros conocimientos técnicos y nuestra aureola de sapiente superioridad los resuelva en forma automática. En esto estamos profundamente equivocados, no hemos aprendido la primera lección de la ciencia, que dice que la realidad no se ajusta a nuestros deseos, que nuestras mejores intenciones no son nada frente a los hechos, que no basta tener buenos propósitos para conocer y manipular a la Naturaleza. Todos hemos conocido a algunos médicos privilegiados que eran o son capaces de devolver la confianza en sí mismos y la alegría de vivir a los enfermos crónicos más abyectos y más desesperados; sin embargo, esto simplemente quiere decir que el camino existe, que la ayuda puede proporcionarse, y que lo que debemos hacer es arremangarnos las mangas y ponernos a trabajar en el descubrimiento de las reglas y los métodos que esos iluminados conocen y manejan a través de su genio. Esto no es tarea fácil, pero no debemos sentirnos engañados: nadie nos dijo nunca que ayudar al prójimo fuera fácil. Además las cosas difíciles se definen como aquellas que cuestan más trabajo. En nuestro tiempo, que ha visto transformarse a la ciencia-ficción en episodios cotidianos y a veces hasta aburridos, ¿es mucho pedir que recordemos aquella frase inmortal de Alexander Pope, un enfermo crónico de toda su vida, que dijo: "El objeto de estudio más apropiado del hombre es el ser humano"? Concluyo esta primera parte de mi plática señalando que, dentro de la Medicina, es urgente reconocer que el estudio científico del impacto de una enfermedad crónica en el hombre es un problema importante, poco conocido hasta ahora, pero susceptible de soluciones que proporcionen medios adecuados para su profilaxis y su manejo terapéutico.

V

Debo decir algo también respecto al enfermo desahuciado. En primer lugar, recordemos lo que tendemos a olvidar o a suprimir, con la complicidad de nuestro subconciente y de la estructura de nuestro modo moderno de vivir: *todos estamos desahuciados*. Tarde o temprano todos sucumbiremos, todos llegaremos a ese límite más allá del cual ya no se es. Con su inmensa sabiduría, la Naturaleza ha introducido en la especie humana un gran número de diferencias biológicas, que van desde estatura, color de la piel, tono de voz, fuerza física, capacidad intelectual, etc., hasta suceptibilidad a ciertas drogas o infecciones, resistencia a algunas enfermedades o variaciones en el contenido de ciertas enzimas; a estas diferencias la cultura occidental ha agregado otras más, basadas en una escala axiológica peculiar a una sociedad de consumo, de modo que también hay pobres, ricos, muy ricos y políticos, aristócratas y plebeyos, asalariados y empresarios, proletarios y burgueses, etc. Pero a pesar de todas estas diferencias, biológicas y culturales, frente a la muerte todos somos iguales: el cadáver de un indio es igual al de un europeo, y ambos no se distinguen del de un plebeyo o un marqués, aunque los ataúdes que los contengan puedan ser diferentes. Hasta hoy no sé de ningún millonario que haya podido llevarse su fortuna al más allá; con la muerte se pierde todo, la muerte iguala a John Rockefeller con Pito Pérez.

La adherencia rigurosa a estas ideas haría superfluo cualquier comentario sobre el enfermo desahuciado, ya que éste comparte con todos nosotros, médicos sanos, y con toda la Humanidad, enferma o no, su sentencia inconmutable. Pero existen algunos problemas que generalmente se mencionan en relación con el enfermo desahuciado, y de ellos yo he seleccionado dos para incluir en esta plática; en primer lugar me referiré al concepto de enfermo desahuciado, y en segundo lugar diré algo sobre la relación médico-paciente en casos con este tipo de pronóstico.

Yo entiendo por un enfermo desahuciado aquel paciente para quien el médico ha considerado todas las medidas terapéuticas posibles y ha concluido que ninguna, aislada o en combinación, es capaz de detener la marcha inexorable de la enfermedad; el médico ha reconocido que el padecimiento terminará fatalmente con la vida del enfermo, y a veces puede aventurar una opinión sobre el tiempo probable en que ocurrirá el deceso. Un ejemplo servirá para ilustrar estos tres aspectos que caracterizan a un enfermo desahuciado: un sujeto con cáncer gástrico que ha sido operado y en quien se han encontrado numerosas metástasis hepáticas y peritoneales. Este tipo de enfermo es incurable en la actualidad; con el uso de quimioterapia es posible prolongar un poco la "supervivencia" de algunos enfermos, pero sólo excepcionalmente llegan a durar más de un año a partir de la operación. Estoy suponiendo que el cirujano tomó biopsias de las metástasis peritoneales y hepáticas, y que éstas fueron examinadas por un patólogo competente, ya que sin confirmación objetiva del diagnóstico no es posible incluir a estos pacientes en un estudio científico del problema, y pasan a formar parte del "anecdotario" seudocientífico con que nos bombardean a diario los periódicos, las sirvientas y los locutores de televisión. Cualquier médico informado sobre los factores que determinan el pronóstico del cáncer gástrico estará de acuerdo en que este enfermo se ha salido de toda posibilidad terapéutica curativa, que lo único que se le puede ofrecer es tratamiento paliativo, que su muerte es inevitable, que se deberá a las complicaciones habituales del cáncer del estómago, y que ocurrirá en menos de doce meses. La actitud del médico frente al enfermo estará guiada por todos estos hechos, derivados de su experiencia personal y de su información, que no es otra cosa sino la suma de todas las experiencias personales de la profesión médica. La conclusión inevitable es que se trata de un enfermo desahuciado. Repasando brevemente el concepto enunciado con anterioridad, yo diría que el médico utilizó tres criterios para su decisión: 1] ningún tratamiento conocido puede curar la enfermedad, 2] el enfermo va a morir de su padecimiento, y 3] el desenlace fatal ocurrirá en un plazo perentorio, casi siempre menor de un año. Lo que deseo señalar aquí es que la identificación de un caso como "desahuciado" requiere la confluencia de estos tres criterios, y que en ausencia de cualquiera de ellos no es posible clasificar a un enfermo dado dentro de esta categoría. Veamos cada uno de estos tres criterios con más detalle.

El primer criterio es la futilidad o ineficiencia de nuestros medios terapéuticos frente a la enfermedad. Si el cáncer gástrico se hubiera descubierto más precozmente, antes de que se hubiera diseminado al peritoneo y al hígado, todavía hubiera sido posible intentar medidas quirúrgicas heroicas, todavía se hubiera justificado someter al enfermo a una operación extensa, con resección del estómago, parte del páncreas, bazo, epiplón, ganglios linfáticos y otros tejidos, en aras de la extirpación de todas las células neoplásicas, que representa el desiderátum actual de la terapéutica oncológica; sin embargo, esto ya no fue posible en nuestro enfermo hipotético. Queda como único recurso la quimioterapia, ya que las radiaciones ionizantes son totalmente ineficaces en el manejo de los tumores epiteliales malignos del estómago; sin embargo, ni el quimioterapeuta más entusiasta estaría dispuesto a aceptar hoy día que su intervención tiene un carácter distinto al de la paliación temporal, y que lo mejor que puede ofrecer es cierta atenuación de los síntomas más molestos y, ocasionalmente, unos cuantos meses más de "supervivencia". La conclusión es que, dentro de las limitaciones de la medicina contemporánea, a este enfermo no lo podemos curar. Éste es el primer punto, pero no distingue a muchos enfermos crónicos de un enfermo desahuciado.

El segundo criterio es que el padecimiento es letal, que va a progresar en forma inexorable y va a terminar con la vida del enfermo. No todos los padecimientos crónicos son mortales; existen muchos ejemplos de esto, pero mencionemos a las várices de las extremidades inferiores como contraste, en vista de que es un padecimiento incurable (aunque en algunos casos existen medidas que alivian los síntomas y hacen la vida tolerable) pero que en la gran mayoría de los casos no pone en peligro la vida de las enfermas. En cambio, el cáncer gástrico que nos sirve como ejemplo es, como regla, causa de la muerte del enfermo; naturalmente que nadie se muere de cáncer gástrico, sino de alguna de las complicaciones que hemos aprendido a aceptar como causas de muerte, como son la bronconeumonía, las micosis oportunistas o la insuficiencia hepática; sin embargo, en ausencia del cáncer gástrico estos problemas no hubieran existido, y por lo tanto nuestro enfermo estaría vivo. El tercer criterio es menos riguroso pero ocurre con tal frecuencia que conviene incluirlo en esta discusión. Un enfermo "desahuciado" es aquel en quien nuestras medidas terapéuticas son inútiles para curarlo, que se va a morir de su enfermedad, y en el que el tiempo en que ocurrirá el desenlace fatal puede calcularse, aunque este cálculo esté sujeto a errores. Estos errores son poco frecuentes pero tan dramáticos que han dado origen a una riquísima tradición sancionada no sólo por la literatura sino también por la leyenda y, más recientemente, por otros medios masivos de comunicación como el cine y la TV. ¿Quién no conoce alguna anécdota de un individuo al que los médicos "desahuciaron" y le dieron, cuando más, 6 meses de vida, que 6 años después aparece gordo, sano y colorado, el retrato mismo de la salud, para escarnio de los galenos y felicidad de su familia? Yo he tenido la oportunidad de conversar con dos de estos sujetos, y confieso que mis reacciones han sido ambivalentes: en un caso todavía no sé si la historia fue inventada (el médico que pronosticó su muerte ya había fallecido, así que la historia no pudo confirmarse) y el otro "enfermo" contaba con nada menos que 23 hospitalizaciones, 11 intervenciones quirúrgicas y una colección de medicinas que sería la envidia de muchas farmacias de primera clase; se trataba de un típico caso de síndrome de Munchausen, así llamado por ese fantástico mentiroso de la tradición alemana, el más grande y simpático que ha existido en la literatura. Era casi inevitable que en sus innumerables experiencias médicas, nuestro mitómano se hubiera encontrado con un galeno que lo "desahuciara", y era no sólo inevitable sino hasta predecible que el seudopaciente usara este *faux pas* médico para continuar llamando la atención sobre él. Pero al margen de los errores que todos cometemos, es indudable que el tercer criterio para calificar a un enfermo como desahuciado es la convicción, por parte del médico, de que el paciente no puede vivir mucho tiempo más con su enfermedad. Aunque éste es el criterio menos fácil de establecer, creo que es el que define mejor lo que habitualmente se entiende por "desahuciado".

Bien, ya hemos hecho un intento de caracterizar al enfermo desahuciado, y ahora debemos reflexionar un momento sobre lo que podemos hacer con él, o sea sobre algunos aspectos de la relación médico-paciente cuando el paciente va a morir de su enfermedad en poco tiempo y el médico no puede hacer nada para evitarlo. El primer comentario que deseo hacer es que en estos casos el médico tiene la obligación moral de no dejar ir a su enfermo, de fijarlo por todos los medios, de asistirlo con firmeza y con compasión y de acompañarlo hasta su último momento. La razón principal de esto es que el enfermo desahuciado es pocas veces un individuo tranquilo, que acepta serenamente su destino y se prepara para él con objetividad y sin quiebras emocionales; además, la familia casi nunca acepta que ya nada puede hacerse, y en parte por lavar algunas manchas en su conciencia y en parte por miedo a la opinión de los demás (y a veces, en muy pequeña parte, por interés genuino en el paciente), con desplante casi suicida está dispuesta a "gastar lo que sea" con tal de lograr lo imposible. Y así se establece esa dramática confluencia de ignorancia, de exigencias sociales estúpidas e inhumanas, y de desesperación y ansia de vivir, que contribuyen a llenar las cuentas de banco y las salas de espera de los charlatanes, de los milagreros y de toda esa escoria inmunda de ladrones o iluminados que explota el dolor y la esperanza del enfermo y sus familiares. Cuando un paciente "desahuciado" cae en las zarpas criminales de los que le prometen lo imposible a cambio de sacrificios económicos absurdos pero nunca inalcanzables, algún médico honesto pero mal informado, o quizá impaciente, es un cómplice involuntario. Los curanderos no sólo se nutren de la ignorancia y la desesperanza de los enfermos, sino también de la falta de comprensión por parte del médico de lo que significa una sentencia de muerte a corto plazo para la inmensa mayoría de los seres humanos. Y esto me lleva a un problema que generalmente se discute en sobremesas familiares, en foto y telenovelas, en el periódico *Alarma* y a veces hasta en el cine, pero casi nunca en las aulas de las escuelas de Medicina o en las reuniones de profesionales médicos: me refiero a la decisión de comunicarle al enfermo y/o a su familia que su caso está "desahuciado". ¿Cuándo se justifica que el médico haga esta tremenda, esta terrible revelación? ¿Tiene el enfermo un derecho inalienable a saber que está condenado a morir a corto plazo? Y si no el enfermo, ¿cuándo debe el médico hablar con toda honestidad a sus familiares? ¿Cuándo es más conveniente callar, pretender que el problema es difícil pero todo saldrá bien, con tiempo y con suerte? En vano he buscado en los tratados de medicina la respuesta a estas preguntas; los autores guardan silencio, o sea por ignorancia o porque no consideran que existan reglas al respecto. Pero a todos nos ha tocado, de una u otra manera, enfrentarnos a este tipo de problemas, y ahora yo les pregunto a ustedes, ¿cómo hemos reaccionado? ¿Hemos echado mano a la memoria, hemos recordado lo que algún sabio profesor nos dijo en aquellos tiempos felices en que poblábamos las aulas de nuestras escuelas? ¿Hemos recordado lo que leímos en algún libro sesudo y conceptuoso? No hace mucho tiempo me tocó estar en mi laboratorio cuando llegó a visitarme un antiguo amigo, médico y colega patólogo, quien me pidió que le mostrara las preparaciones histológicas de la biopsia que le habían tomado en la institución donde trabajo. Mi amigo había perdido algo de peso, había tenido molestias esofágicas poco específicas, se había sometido a un examen endoscópico y el especialista había obtenido un fragmento de una lesión, que él quería examinar personalmente. Sin decir palabra le presenté las preparaciones histológicas y mi amigo se asomó al microscopio; ante sus ojos apareció la imagen indiscutible e inevitable de su pronóstico fatal. Sentado frente a él, yo podía ver que sus ojos expertos habían reconocido el cáncer, habían leído su propia sentencia, inexorable y a corto plazo. En silencio apagó el microscopio, prendió un cigarro y mientras soplaba el humo repasó en silencio su vida, sus sueños y sus esperanzas, sus mejores momentos, sus pasiones y sus tragedias. Después se levantó y me dijo: "Está feo, ¿no?" Y yo asentí con la cabeza, incapaz de decir palabra. Entonces se fue, rodeado por la aureola majestuosa de su destino, un hombre sereno, conciente y terminado, completo en su ciclo de niño, joven, adulto, viejo y ahora muerto. Hay muy pocos así, y yo quiero en este momento rendir tributo a este mi amigo inominado, que me enseñó una lección de madurez y de hombría, sin palabras, sin lágrimas, sin claudicaciones, sin estridencias. La situación era dramática, en el sentido griego del drama, o sea que el Destino se cumple al margen de todo lo que uno haga y de todo lo que uno sienta; mi amigo respetó la naturaleza de su propio drama y no lo transformó en melodrama; yo quiero pensar que en su fuero interno él se dijo: "Muy bien, éste es el acto final. De algo hay que irse, y a mí me ha tocado esto: un cáncer del esófago. Procuremos que la salida sea menos accidental y menos dolorosa que la entrada...".

Pero he estado recordando un caso excepcional; la regla es otra, es casi siempre un sainete espeluznante, con lágrimas y gritos de protesta, con confesiones extemporáneas y con promesas tardías de enmienda, con caras de acontecimiento y ropas fúnebres anticipadas. Ante la posibilidad de esta parafernalia esotérica, el médico debe defenderse a capa y espada; es el único miembro profesional del reparto, es el único capaz de conservar la objetividad ante la tempestad de emociones que podría desencadenar con la revelación de su conocimiento. Para ayudarlo en su tarea, el médico posee otra condición afortunada que nadie disputa y que todos respetan: su autoridad. Resulta que la bata blanca lo transforma en un meta-individuo, en alguien que tiene acceso a poderes inaccesibles a los seres humanos no iniciados, en sujeto casi sobrenatural, en shamán, en doctor. Si a esto se agrega su conciencia de que, haga lo que haga, lo primero que debe cuidar es no hacer daño, es cumplir con la máxima latina *Primus non nocere*, ya tenemos los elementos para ensayar una respuesta a la pregunta señalada antes: ¿cuándo debe decirse al enfermo y/o a su familia que está desahuciado? La respuesta es la siguiente: cuando la verdad no vaya a producir más daño que la mentira; cuando el médico, que conoce a fondo la estructura psicológica y los rincones más profundos de la vida emocional de su enfermo, está convencido que la revelación de su destino no va a sumir al paciente en una desesperación más grave que la producida por su propia enfermedad; cuando está razonablemente seguro de que puede controlar a la familia y evitar que haga gastos inútiles y someta al enfermo a mayores torturas, con el comprensible pero imposible deseo de echar reversa al destino. En ausencia de esta convicción el médico debe callar y mantener una actitud firme y optimista, sin engaños y sin promesas infundadas, y cuidando en todo momento de promover el bienestar máximo posible para el enfermo y sus familiares. Cuando la verdad se haga obvia y sea ya imposible ocultarla, los esfuerzos del médico deben dirigirse a fijar al enfermo y a explicar con la mayor claridad posible la situación real, usando toda su autoridad para impedir que las emociones superen a la razón y que el final, en lugar de ser *Andante Maestoso*, llegue en medio de un *allegro con fuoco*.

He hablado ya mucho (quizá demasiado) del papel del médico ante el enfermo crónico y ante el enfermo desahuciado. Éste ha sido mi tema, y me ha parecido particularmente acertado que los directivos de este Congreso me lo hayan sugerido para comentarlo con ustedes, en primer lugar porque de esto casi nunca se habla en reuniones profesionales, sea en las aulas de nuestras escuelas de Medicina o en congresos como éste, y en segundo lugar porque toca muy de cerca situaciones de gran frecuencia en la práctica profesional médica. Se ha dicho que el médico es el profesionista que, al final, siempre pierde; aunque a veces logre curar algún enfermo, en última instancia todos se mueren, incluyéndolo a él. Esta opinión encierra un error fundamental sobre la verdadera función de la Medicina, y a esto quiero referirme para terminar mis comentarios. La Medicina nunca ha prometido la vida eterna; nuestra profesión no tiene como objetivo asegurarle la inmortalidad a nadie, y menos a los médicos. Antes he mencionado que la función de la medicina es procurar que la gente se muera joven y sana lo más tarde que sea posible; en otras palabras, nuestra meta como médicos es conservar la salud y las condiciones físicas y mentales necesarias para disfrutarla al máximo, mientras llega la hora de partir de este mundo. Nadie duda que esta hora nos va a llegar a todos; es un error pensar que la lucha de la Medicina es contra la muerte. No, la lucha de la Medicina es a favor de la vida, pero la vida sana y plena, libre de enfermedades tanto somáticas como psíquicas; de la vida útil y constructiva, basada en una escala de valores donde lo que se es como ser humano ocupa un sitio muy superior a lo que se posee; de la vida fecunda y analizada, que así se justifica a sí misma y se eleva por encima de su intrascendencia biológica y su insignificancia cósmica. Ésta, y no la lucha contra la muerte, es la verdadera y única función de la Medicina.

5. LA MUERTE[1]

I

Mis comentarios han sido divididos en dos partes: en la primera, voy a referirme a las relaciones entre la muerte y la sociedad, y más específicamente las diferentes actitudes frente a la muerte en diversas épocas durante la evolución de la civilización occidental, a la que pertenecemos, con breves comentarios sobre la postura del mexicano y su posible origen; en la segunda, hablaré desde el extremo opuesto del espectro de temas posibles sobre la muerte, o sea de su significado biológico. De este último ya he tenido oportunidad de presentar algunas de mis ideas, pero como el interés continuo en el tema me ha llevado a modificar algunas conclusiones, no creo cometer el pecado imperdonable de la repetición. Empecemos.

II

A principios de 1974 Philipe Ariés[2] publicó un pequeño librito titulado *Actitudes occidentales frente a la muerte: de la Edad Media al tiempo presente*, cuyo contenido corresponde a un ciclo de conferencias que dictó en la Universidad Johns Hopkins, en Estados Unidos. Es una obra deliciosa, muy formal y muy francesa, y mucho de lo que voy a decirles ahora se basa en ella. De todos modos, en la actualidad la muerte se ha puesto de moda y se han publicado muchos libros sobre ella, de modo que el tema está en peligro de sufrir el mismo destino que el DNA; por

---

[1] Versión castellana de la conferencia del mismo título, dictada (en inglés) en la Escuela de Medicina de la Universidad de Worcester, Massachussetts, EU, en marzo de 1976.
[2] P. Ariés, *Western attitudes towards death: from the middle ages to the Present*, Baltimore, The Johns Hopkins University Press, 1974.

Western Attitudes toward DEATH: From the Middle Ages to the Present

by PHILIPPE ARIÈS

translated by PATRICIA M. RANUM

THE JOHNS HOPKINS UNIVERSITY PRESS
Baltimore and London

5.1 Portada del libro de Philippe Ariès, publicado en 1974

ejemplo, en el volumen de Shibles[3] publicado en 1974, la bibliografía ocupa 28 páginas de texto apretado (en 8 puntos) y cita más de 1000 publicaciones sobre la muerte. Incluso se ha

---

[3] W. Shibles, *Death. An interdisciplinary analysis*, Whitewater, The Language Press, 1974.

dado el fenómeno insólito de que algún autor mexicano[4] haya compuesto un librito que contiene un ensayo sobre el tema, plagado de excesos literarios.

La actitud tradicional de Occidente frente a la muerte tomó forma en la mente humana durante el milenio que siguió al colapso del Imperio Romano. El hombre de principios del Medievo se enfrentó a la muerte como un destino colectivo, ordinario, inevitable y no especialmente aterrador, ya que era el mismo para toda la Cristiandad, como un gran sueño del que despertaría en el Paraíso, durante la segunda venida de Cristo al mundo. Ariés llama a este concepto medieval de muerte, la "muerte domada o sumisa", y la define como un sentimiento de familiaridad antiguo, durable y generalizado, exento de temor o desesperación, entre resignación pasiva y confianza mística. El destino se revelaba a través de la muerte y el individuo la aceptaba en una ceremonia pública cuyo ritual estaba cristalizado por la tradición.

Se esperaba a la muerte acostado boca arriba, de manera que la cara del moribundo siempre estuviera viendo hacia el cielo, a diferencia de la costumbre de los judíos, que en trance semejante volteaban hacia la pared. La ceremonia empezaba con expresiones de tristeza al tener que abandonar la vida, recuerdos apesadumbrados pero discretos de personas y cosas amadas, acompañadas por el llanto del moribundo y de sus amigos, familiares y enemigos. Pero las quejas no eran ni ruidosas ni prolongadas: eran parte de un ritual prescrito y duraban un tiempo limitado. Después venía el perdón a todos los que rodeaban el lecho de muerte, amigos, parientes, ayudantes y hasta enemigos, cuya presencia no era excepcional y que acudían precisamente para lograr en público la condonación de todas las acciones perversas de que habían sido acusados durante la vida activa del moribundo. Posteriormente se decía una plegaria dividida en dos partes: la *culpa*, que empezaba así: "Dios, por tu gracia admito mi culpa por todos mis pecados...", y después la *comendacio animae*, que decía: "Dios, quien nunca miente, quien rescató a

---

[4] R. Pérez Tamayo, *Tres variaciones sobre la muerte y otros ensayos biomédicos*, México, La Prensa Médica Mexicana, 1974, pp. 23-35.

Lázaro de los muertos, quien salvó a Daniel de los leones, salva mi alma de todo peligro...". A continuación el sacerdote daba la absolución al moribundo, leía algunos salmos, quemaba incienso y dejaba caer gotas de agua bendita en la cabeza y el cuerpo del paciente. Al terminar la última plegaria, lo que restaba era esperar a que llegara la muerte: si ésta se tardaba, tanto el moribundo como su compañía esperaban en silencio, frecuentemente horas, a veces días enteros.

Podemos resumir lo anterior diciendo que la muerte era una ceremonia pública organizada y presidida por el enfermo, y su característica sobresaliente era su sencillez. A esto se debe que Ariés la haya llamado "muerte domada o sumisa", no porque en tiempos anteriores la muerte hubiera sido salvaje o rebelde y ya hubiera perdido estas características, sino porque en la actualidad se ha transformado en un episodio absurdo y violento.

III

Durante la Edad Media se introdujeron cambios sutiles en la liturgia descrita. El moribundo todavía era el director de la ceremonia, todavía ocupaba el centro de la atención y seguía siendo la figura principal; sin embargo, la atmósfera que lo rodeaba era diferente. Además de los amigos, parientes y mirones aparecen otros personajes que ocupan sitios privilegiados: se trata de santos y de demonios, que luchan por conquistar y llevarse el alma del muerto. Los diablos organizaban todo un teatro para representar cada uno de sus pecados, usándolos como argumentos para arrastrarlo a los Infiernos; sin embargo, si el moribundo resistía a las tentaciones del orgullo y de la desesperación, si se arrepentía sinceramente, moría bien. Con las manos cruzadas y la cara dirigida hacia Jerusalén, hacia el este, exhalaba su último suspiro y con él salía su alma, representada como un niño recién nacido que un ángel recogía y llevaba al cielo. En esta escena el moribundo ya no es el miembro de una comunidad homogénea participando en un ritual prescrito, sino un individuo al que se juzga al final de su vida. La sala mortuoria se

5.2 Grabado del siglo XV representando lo que ve el moribundo: demonios
y santos lo rodean, peleando por la posesión de su alma

transforma en un juzgado, con fiscales que le acusan y persiguen (los demonios) y abogados que lo defienden y protegen (la Virgen y San Juan), ambos tratando de convencer al Juez Supremo de la bondad de su causa. Existe un libro, el *liber vitae*, donde todo se ha escrito y que se presenta ante el Juez en el momento supremo. Debe aclararse que la escena sólo es visible para el hombre que está muriendo; los que lo acompañan no se dan cuenta de nada, aunque tienen conciencia de que frente a ellos se está librando una feroz batalla por el alma del moribundo. El Juicio Final se lleva a cabo en el instante mismo de la muerte, en vez de posponerse hasta la segunda venida de Cristo al mundo. La eternidad se concede o se niega exclusivamente al individuo que muere, no a la inmensa multitud que confiere anominato completo entre toda la Cristiandad. Éste es el *Ars Moriendi*, uno de los temas más populares de la literatura y la iconografía del siglo xv.

Ariés ha caracterizado el cambio en la actitud frente a la muerte llamándola la muerte "propia" o de uno mismo (es mucho mejor en francés, *la mort de soi*), con objeto de subrayar el cambio de lo comunitario a lo personal. En sus propias palabras: "Durante la segunda mitad de la Edad Media, entre los siglos xii y xv, se reunieron tres categorías mentales: la imagen de la muerte, la del conocimiento del individuo de su propia biografía, y la de la posesión apasionada de cosas y personas que le pertenecieron durante su vida. La muerte se transformó de una comunión con la cristiandad entera, en el momento cuando el hombre alcanzaba la mayor conciencia de sí mismo como individuo."

IV

A partir de la muerte "propia o de uno mismo", que es un concepto típicamente medieval, es necesario dar un salto cuántico para llegar al siguiente, que Ariés ha denominado la muerte "tuya" (otra vez en francés es más eufónico, "*la mort de toi*"). A principios del Siglo xviii la muerte se transforma en un evento dramático y relevante, al mismo tiempo trastornador y absoluto, un asunto que permite la exhibición y proyección de emociones y dolor por otra persona como actos "naturales". El escenario es el mismo, una ceremonia que se lleva a cabo alrededor del lecho de muerte, presidida por el moribundo y rodeado por parientes y amigos (los enemigos desaparecen junto con la

Edad de la Caballería y con Don Quijote) pero algo fundamental ha cambiado. Mientras en otras épocas anteriores la muerte era un acontecimiento solemne, con una liturgia rígida determinada por la tradición, en los siglos xviii y xix una nueva pasión se apodera de los presentes. La emoción los sacude, lloran, gesticulan, se despeinan, rasgan sus vestiduras y con gran frecuencia se desmayan; las expresiones externas de dolor revelan algo que no existía antes, y que es la incapacidad de tolerar la separación, iniciada con la muerte y proseguida después de ella, en sus propias vidas. Los testigos y los afectados por la muerte se conmueven no sólo en presencia del moribundo y de su defunción, sino por la anticipación de la tristeza y pesadumbre que sentirán después, mientras recuerden al pariente o amigo que se está muriendo. En esta época nos encontramos ya en medio del Romanticismo, caracterizado entre otras cosas por su fascinación mórbida por la muerte, ampliamente documentada en las artes gráficas y la literatura de la época. Las *Meditations Poétiques*, de Lamartine, el famoso suicida Werther, de Goethe, los innumerables libros de las hermanas Bronté, y muchos otros más, podrían citarse en apoyo a este punto de vista. El movimiento romántico envolvió a la ceremonia de la muerte en la churrigueresca parafernalia del Art Nouveau, no sólo en la ropa sino también en el comportamiento. Los vestidos de luto se desenvolvieron con grados desusados de ostentación, más cotizados y más admirados mientras más fantásticos, explosivos y vistosos. Escondido detrás de este estruendo teatral se agazapa un cambio genuino en la actitud frente a la muerte: la exageración significa que los sobrevivientes aceptan la muerte de otra persona con mayor dificultad que en el pasado. Uno de los ejemplos más conocidos y comentados de la historia es el efecto de la muerte de Felipe el Hermoso en su esposa, Juana la Loca; los ropajes adoptados marcaron toda una época de la moda y sus vestigios todavía aparecen en forma de pesados velos negros que cubren a los deudos durante semanas, los rezos prolongados se recuerdan (apenas simbólicamente) en las Novenas de Difuntos, y su increíble peregrinación por las tierras de España, arrastrando consigo el cadáver descompuesto de su esposo muerto ha dado origen a muchas páginas de plumas privilegiadas, las últi-

5.3 Representación "art nouveau" de luto, según Beardsley

mas quizá las vertidas por Carlos Fuentes en la primera mitad de su *Terra nostra.* Ariés piensa que este cambio no es sólo de estilo sino de fondo, en vista de que la muerte que se teme no es la propia sino la de otro, *tu* muerte, *"la mort de toi".*

V

Y así llegamos al momento actual. Después de la muerte sumisa, la muerte propia, y la muerte de otro o tu muerte, lo que sigue es completamente inesperado, por lo menos para mí. Los cambios resumidos hasta aquí en la actitud hacia la muerte tomaron mucho tiempo en ocurrir, más de mil años. En nuestros días, en apenas dos terceras partes de un siglo, hemos presenciado una revolución dramática en los sentimientos y las ideas tradicionales. El destino de la muerte, después de desempeñar un papel tan central y grandioso en la vida cotidiana que siempre se le tenía presente, ha sido ser borrada, obliterada, obligada a desaparecer. Se ha transformado en algo vergonzoso y hasta prohibido, como las enfermedades sexuales, un tema que las gentes de buen gusto y cierto tacto no discuten, y sobre todo no en público. Se señala que los orígenes de esta postura se encuentran en sentimientos humanitarios y de delicadeza perceptibles desde la segunda mitad del siglo XIX: los que rodean el lecho del moribundo, proyectando sus propios y profundos sufrimientos, prefieren no agravar su situación ocultándole la gravedad de su padecimiento, la inminencia de su muerte: ¿quién puede ser tan cruel que revele al condenado que su sentencia está a punto de cumplirse? Todo se vuelve caras y frases de aliento, pronunciadas entre sonrisas estoicas y comentadas después, *sotto voce*, mientras los héroes que han dominado su propio e intenso sufrimiento derraman lágrimas de cocodrilo por el "pobrecito", que no debe conocer su destino "a cualquier precio".

Personalmente considero esta actitud como una de las traiciones más inicuas de que es capaz el ser humano, al negar a un individuo la oportunidad de prepararse para realizar el último acto de su vida con dignidad. Pero esto es solamente el principio: no se habla de la muerte frente al individuo desahuciado a corto plazo (todos lo estamos aunque ignoramos el plazo) no sólo para evitarle el sufrimiento de conocer su destino inminente, sino también por otra razón, todavía más abominable que las anteriores, y es por consideración a la sociedad, por consideración a los familiares y amigos del moribundo. Debemos evitar el sufrimiento y el dolor intolerable producido por la fealdad de la muerte y por su presencia en medio de una vida feliz, porque de pronto hemos descubierto que la razón de ser, la justificación única y el *sumun bonum* de la vida es la felicidad o algo que se le parezca. Es de mal gusto hablar de la muerte en compañía de personas que han perdido recientemente un ser querido, la sociedad condena tal acción como falta de tacto, es como "hablar de la soga en casa del ahorcado". Morirse ya ni siquiera es vergonzante, ya ni siquiera es señal de mala educación; ahora lo que viola los cánones de la decencia y el buen gusto es haber propiciado un clima emocional en nuestros parientes y amigos que prohíbe mencionar ciertos temas, que nos hace pedir disculpas cuando, en ignorancia de la muerte de alguien, le preguntamos por su salud a algún pariente. "Y dígame usted, doña Procopia, cómo está su abuelita? Desde 1918, cuando cumplió 112 años, no he tenido el gusto de verla..." A lo que doña Procopia, usando hábilmente el "tip" involuntario, adopta un aire de dolor insufrible, estoicamente resistido, y con ojos húmedos responde: "Mi abuelita ya está en el Cielo, doctor, desde hace 35 años..." y exhala un suspiro que pretende revelar con discreción el diario tormento de su ausencia, pero que en realidad es de alivio porque la abuelita era una harpía que le amargó los últimos 48 años de su vida...

Pero esto no es todo. Entre 1930 y 1950 ocurre un nuevo fenómeno: para muchas personas, la muerte ya no las sorprende en su casa, ya no los encuentra en su cama; ahora el sitio donde nos conquista la muerte no es en medio de la familia, rodeados por parientes y amigos. Ahora uno se muere en un hospital, y su única compañera en este momento último y definitivo es la Soledad. Uno se muere en el hospital porque éste es el sitio donde se pueden proporcionar servicios especializados, que es imposible ofrecer en la casa.

Históricamente, los hospitales se iniciaron como albergues para los peregrinos y para los indigentes, pero a través del tiempo se han transformado hasta convertirse ahora en centros médicos donde los enfermos se curan, donde se lucha contra la muerte. Los pacientes de los hospitales modernos pueden dividirse en dos tipos: 1] los que acuden con objeto de ser aliviados de su padecimiento, y 2] los que llegan para morir, ya que es inconveniente morir en casa. Naturalmente, la muerte en el hospital dista mucho de ser la ceremonia ritual, presidida por el moribundo y a la que asisten amigos, parientes y enemigos, sino que se trata de un fenómeno teórico resultado de la suspensión de las medidas de resucitación, decidido por el médico y su equipo de trabajadores hospitalarios cuando el enfermo está casi siempre inconciente y no tiene control sobre la situación; literalmente, no tiene nada que opinar al respecto. El nuevo Magistrado Supremo de la Muerte es el médico, cuya preocupación muchas veces es conseguir para su enfermo "un estilo aceptable de supervivencia mientras agoniza", con énfasis en lo de "aceptable". La razón de esto es que la muerte tiene que ser tolerable para los sobrevivientes, sin emociones fuertes o ruidosas que causen molestias a la sociedad. Naturalmente, no se permite la entrada a los niños, ya que la experiencia de la muerte puede ser demasiado traumática a tan tierna edad, y los hechos se sustituyen por eufemismos como el siguiente: "El abuelito se fue a visitar a sus amigos a un país muy lejano..." Las experiencias que pueden trastornar desde un punto de vista psicológico deben evitarse a todo trance. A pesar de todo, la muerte de una persona cercana se siente dolorosamente: de pronto, todo el mundo está vacío, pero ya hemos perdido el derecho de decirlo en voz alta. No es lo correcto.

VI

Dos palabras más sobre la actitud del mexicano frente a la muerte. No creo sorprender a nadie si digo que nuestro país es un mosaico de diferentes culturas, ni espero ofender a nadie si agrego que todas ellas provienen de la combinación, en diferentes proporciones, de dos patrones básicos: el europeo y el indígena. Sin embargo, cabe introducir ciertas restricciones de ambos lados, en vista de que nuestros europeos provienen de un sitio muy especial y único (en el sentido de unidad) de Europa, y de que nuestra cultura indígena también es singular en muchos aspectos. Metafóricamente, esto puede decirse señalando que somos herederos más de Don Quijote que de Mr. Pickwick, latinos más que sajones, y también herederos de la Malinche y de Xtabay, vírgenes morenas que se unieron a los invasores blancos en 1519, bajo un sol tropical y en un suelo que no conoce la nieve. El encuentro de estas dos culturas es nuestra historia, que podemos leer hoy en los textos escritos por los vencedores, y los resultados fueron completamente impredecibles. Nuestro tema es la muerte y me limitaré a ella.

Todos sabemos que los mexicanos tenemos un concepto peculiar de la muerte: en primer lugar, la muerte siempre está presente, en nuestras fiestas, en nuestra música, en nuestro arte, en nuestra vida diaria; la muerte no está prohibida ni se le olvida, sino que por el contrario disfruta de una realidad vigente, cotidiana. Nos burlamos y nos reimos de ella, jugamos con ella, la hacemos que baile y se vea ridícula, cantamos sus hazañas y sus triunfos, hasta nos la comemos en forma de calaveras de azúcar en el Día de Muertos, pero nunca nos olvidamos de ella.

5.4 El *Jarabe de ultratumba*, de José Guadalupe Posada

La muerte es ruidosa por elección, no por necesidad; no se trata de un invitado inevitable pero no bienvenido, sino de un miembro permanente de la familia. En la exhibición de Arte Mexicano en París, hace unos 6 años, muchos europeos se asombraron de ver a la muerte tratada de mil maneras diferentes a través de todos los siglos ahí representados. En un artículo escrito en esa época sobre la exhibición mencionada,[5] un escritor europeo que se ocupa de las culturas americanas con admiración y puntería, Paul Rivet, escribió en un periódico una crónica sobre "Encuentros Inesperados" y dice: "¿Cómo reaccionar ante esos muñecos que representan una pareja de recién casados, vestidos con la ropa apropiada para tal ceremonia, que en realidad son un par de calaveras?" Rivet no sólo está sorprendido, sino que está un poco asustado: repentinamente se ha encontrado con un mundo que no teme a la muerte, donde no es una pesadilla sino una compañera, un juguete para los niños, un tema de bromas, un dulce que se come y se obsequia. ¡Qué mundo tan extraño o incomprensible!

Este fenómeno es simplemente natural. Si se toma por un lado a un aventurero español del siglo XVI, un soldado arrogante, ambicioso y valiente, que hoy puede estar en la cárcel por robo, asesinato y adulterio, mañana va a ser el Gran Capitán de un ejército victorioso, y pasado mañana va a colgar de una ceiba milenaria o a morirse en un calabozo oscuro en un castillo medieval, y se cruza con una mujer morena, bella y misteriosa, que pertenece a una cultura independiente, con una escala de valores completamente distinta a la suya, que fue capaz de construir ciudades monumentales y practicar sacrificios humanos, que inventó la escritura pictográfica, la agricultura y la astronomía, el producto va a ser *sui generis*. Paul Westheim sugiere que para la cultura náhuatl la causa principal de ansiedad no era la muerte sino la vida. En el Códice Florentino podemos leer lo que el padre náhuatl decía a su hijo cuando este cumplía 7 años de edad: ". . .La tierra es el lugar de muchos sufrimientos, donde la amargura y la desesperación son bien conocidas. Un viento que es como una obsidiana negra sopla y aúlla sobre nosotros. . . La tierra no es un sitio de bienestar, no existe la alegría ni la felicidad. . ." En el equivalente del *Cantar de los cantares* en náhuatl también leemos:

[5] P. Westheim, *La calavera*, México, Era, 1976 (2a. ed.).

Sólo venimos a dormir
sólo venimos a soñar
No es verdad, no es verdad
Que venimos a vivir en la Tierra...

Los mexicanos antiguos no temblaban cuando se enfrentaban a Mictlantecuhtli, el Señor de los Muertos; temblaban cuando tenían enfrente a la vida, a la incertidumbre de la condición humana, para lo que también había un dios, el más terrible de todos: Tezcatlipoca.

Después de la Conquista la demolición completa e inmisericorde de la cultura indígena fue seguida de sufrimientos tan increíbles que el resultado fue la confirmación y la perpetuación de la actitud negativa frente a la vida de los vencidos.[6] Muchas generaciones de esclavitud y una existencia peor que la eternidad en el infierno medieval fueron la herencia inmediata de los hasta entonces orgullosos dueños de un imperio que se extendía desde la parte norte de México hasta Centroamérica. De este modo, el hijo del hidalgo español y la virgen morena heredó el valor de su padre peninsular y el apego a la muerte de su madre nativa; en su tragedia, el heredero es incapaz de librarse de ambas características y como única solución las combina en su personalidad eliminando el miedo a la muerte implícito en su herencia paterna y haciendo prevalecer la actitud amistosa y familiar hacia la muerte que recibe con su sangre indígena. La muerte es, por lo tanto, una compañera y una amiga, porque ¿de qué otra manera puede considerarse a la que trae alivio para sus sufrimientos y consuelo para su desgracia? Quince siglos más tarde este mismo hijo, bajo el nombre de Xavier Villaurrutia, el famoso poeta mexicano de hace una generación, que cantó casi exclusivamente a la muerte, dice lo siguiente: "Aquí es muy fácil morir, y la atracción de la muerte se siente con mayor fuerza por aquellos que tienen mayor proporción de sangre indígena. Mientras más criollos somos mayor es nuestro miedo a la muerte, porque esto es lo que nos han enseñado y también lo que hemos heredado..."

---

[6] M.L. Portilla, *Visión de los vencidos*, México, UNAM, 1976. (7a. ed.).

5.5 La *calavera catrina*, de José Guadalupe Posada

VII

Unas palabras ahora sobre el significado biológico de la muerte. Un cambio tan brusco de enfoque del mismo tema puede hacer que algunos de ustedes sonrían, sobre todo cuando se trata de la pregunta "¿Cuál es el significado biológico de la muerte?" A los que sonríen me permito decirles que yo también sonrío con ellos, aunque quizá por razones distintas. A los que no sonríen quisiera asegurarles que lo que sigue no es un ejercicio metafísico, ya que la misma pregunta se ha hecho sobre otros fenómenos biológicos generales, y las respuestas han sido a veces no sólo interesantes sino muy productivas. Por ejemplo, si preguntamos por el significado biológico de la respuesta inmune, las respuestas (porque ha habido varias, cada una hija de su tiempo y de la cantidad de información acumulada hasta la fecha) han sugerido que se trata de: 1] mecanismo de defensa; 2] mecanismo de discriminación entre el "yo" y el "no-yo"; y 3] mecanismo de protección contra las neoplasias malignas, la famosa vigilancia inmunológica. No afirmo que estas respuestas hayan sido ciertas, ni siquiera parcialmente; lo que digo es que han sido útiles, porque nos han permitido contemplar el fenómeno desde ángulos novedosos y, por encima de todo, nos han ayudado a diseñar nuevos experimentos que han enriquecido nuestro conocimiento. Esto es lo más que se le puede pedir a una hipótesis, y en cierto sentido es lo mejor que puede regalarnos: no la Verdad, sino nuevos caminos para continuar su búsqueda. De modo que regresemos a la pregunta sobre el significado biológico de la muerte; ya sabemos algo sobre el significado del metabolismo, de la reproducción sexual, de la inflamación, de la respuesta inmune, pero ¿qué sabemos del significado biológico de la muerte?

Nuestra primera reacción es que estaríamos mejor sin ella: correríamos menos aprisa hacia las metas que cada uno de nosotros persigue, o quizá no correríamos; el tiempo adquiriría una nueva dimensión, un nuevo sentido. Sin límites de tiempo esperaríamos verlo todo, saberlo todo, disfrutando para siempre de la felicidad de ser inmortales. Quizá alguno de ustedes han leído una narración de Borges, el mago literario de nuestro idioma, llamada "El Inmortal";[7] en esta fantasía Borges describe el encuentro de uno de nosotros (mortales), un oficial romano del Ejército Imperial, de fines del siglo II de nuestra era con una ciudad mítica poblada por una cepa de hombres inmortales, y su descripción (pasajera, casi invisible) no se ajusta a nuestra idea de la felicidad. Los inmortales han olvidado el lenguaje, no exhiben propósitos ni comportamiento racional, son como humanoides fastidiados, (troglodítas, dice Borges) hartos de vivir, parecidos a lo que Huxley concebía como el precio de la inmortalidad en "Viejo Muere el Cisne": una regresión en la escala evolutiva, la transformación del hombre en un mono, la reducción de la humanidad y sus sueños más sublimes a la figura de un macaco cuyas únicas aspiraciones son comer más cacahuates, dormir y acoplarse con la macaca, cuyas aspiraciones son exactamente las mismas...

La inmortalidad no es desconocida en la ciencia, pero aquí ha

---

[7] J.L. Borges, "El inmortal", en *El Aleph,* Buenos Aires, Emecé Editores, 1957, pp. 7-26.

adoptado un disfraz inesperado: se trata de Helen Larson, la mujer negra que murió hace unos 25 años de carcinoma del cuello uterino, del cual se obtuvieron las conocidas células HeLa que desde entonces se conservan y se estudian en muchísimos laboratorios de todo el mundo. Claro que la supervivencia indefinida, en forma de un cultivo de células neoplásicas, no es el tipo de inmortalidad más atractivo para muchos de nosotros. Lo que realmente quisiéramos es conservar la vida conciente y emocional, física y del espíritu, aunque puestos en la disyuntiva quizá aceptáramos, como última forma satisfactoria de supervivencia, la conservación de la conciencia. En relación con esto, Martin[8] ha dicho lo siguiente: "...la única solución... es la que preserva el sistema nervioso central". Este autor sugiere que una inversión: "...comparativamente modesta en investigación podría teóricamente porporcionarle al hombre una solución parcial y transitoria" al problema de la muerte. Según Martin, la conservación criobiológica de diversos tipos celulares es un buen principio, pero "...hasta que podamos evitar la degeneración retrógrada de los axones la preservación tendrá que llevarse a cabo *in situ*, posiblemente usando técnicas de perfusión". A partir de este tipo de preparaciones se podría alcanzar la inmortalidad cuando los avances en disciplinas como la neurobiología, la bioingeniería y otras ciencias proporcionen "...técnicas adecuadas para leer toda la información almacenada en cerebros conservados criobiológicamente y escribirla en computadoras con capacidad de incorporar y recombinar los patrones dinámicos que usan nuestros 10 billones de neuronas cerebrales. De esta manera nos reuniríamos con una familia de humanoides híbridos bioeléctricos postsomáticos, capaces de contribuir a la evolución cultural a una velocidad mucho mayor que cualquiera que ahora pudiéramos imaginarnos." Este tipo de inmortalidad ya empieza a parecerse a la antes mencionada de Borges, entre otras cosas porque no deja de ser fantasía, menos poética y todavía más aterradora que la imaginada por el escritor argentino.

---

[8] G.R. Martin, "On immortality: an interim solution", en *Perspect. biol. Med.*, vol. 14:339-40. 1971.

Mientras las soluciones señaladas no ocurran, tendremos a la muerte entre nosotros y la pregunta sobre su significado biológico seguirá siendo relevante. Podemos decir que los biólogos han considerado a la muerte como el mecanismo por el que la Naturaleza elimina a los individuos, poblaciones y especies que no resisten a la selección natural, que han sido vencidos en la competencia reproductiva. Para no citarme a mí mismo, aquí tienen ustedes otra versión de ese concepto, escrita en forma independiente de la mía por Nossal,[9] el famoso inmunólogo australiano: "Si no hubiera lucha por la supervivencia, las raras mutaciones ventajosas se verían ahogadas por la masa de mutaciones deletéreas o irrelevantes, y la evolución en el sentido en que la conocemos sería imposible. Por lo tanto, en alguna época precoz en la evolución de las especies de este planeta, la muerte apareció como consecuencia inevitable de la vida." Esto suena muy bien, pero un minuto de meditación debe convencernos de que no sirve. Todos los seres vivos, los derrotados y los vencedores en la lucha por la supervivencia, mueren. El problema no es la extinción de algunas especies sino la muerte, que nos afecta a todos por igual; si la vida fuera el premio para los vencedores en la lucha por la supervivencia, el resultado sería que habría inmortales. Pero el único premio que reciben los ganadores, los seleccionados por la Naturaleza en la contienda evolutiva, es la oportunidad de hacer una contribución numéricamente mayor a los antepasados de las generaciones futuras.

VIII

Para salir de este atolladero, prestemos atención a dos hechos relativamente simples: en primer lugar, no existe la llamada muerte "natural". Lo que se denomina de esta manera es el tipo de muerte accidental a la que el envejecimiento (un fenómeno extraordinariamente interesante, que no es nuestro tema) hace cierta contribución, aunque sea mínima, y esta contribución au-

[9] G. V. J. Nossal, *Antibodies and immunity*, Basic Books, inc., Nueva York, 1969.

menta con la edad. La llamada "fuerza de mortalidad", que se define como el producto de multiplicar el tiempo por la suerte,[10] aumenta progresivamente con los años, hasta que llega a hacerse irresistible. Toda la situación está determinada genéticamente, lo que se aprecia si consideramos muy brevemente lo que ocurre con una población potencialmente inmortal en la que los individuos no envejecen, o sea que mantienen constante durante toda su vida su madurez física. Si a esta población le imponemos un grupo de causas de muerte de ocurrencia completamente accidental, la probabilidad de fallecimiento de todos los individuos en un momento dado será exactamente la misma. Aquellos que tienen 1 año de vida tienen la misma probabilidad de cumplir 2 años que los que tienen 50, de cumplir 51. Pero las probabilidades al nacimiento de vivir 1 año o 50 son completamente diferentes, ya que mientras más viejo es un individuo más veces habrá estado expuesto al peligro de la muerte accidental. Lo mismo podemos decir si arrojamos una moneda al aire por undécima vez, cuando las 10 veces anteriores ha caído de águila: consideradas las probabilidades de este volado, son 50 por ciento para el águila y 50 por ciento para el sol, pero tomando en cuenta los resultados de 10 volados anteriores, el águila tiene muy pocas probabilidades de volver a salir. Todo esto se resume diciendo que en nuestra comunidad hipotética los individuos jóvenes serán siempre más numerosos que los viejos.

La selección natural opera a través de los mecanismos de herencia mendeliana, por lo que inevitablemente las probabilidades matemáticas de la distribución por edades de una población que se reproduce sexualmente tendrá que ser un ciclo de nacimiento, juventud, madurez, envejecimiento y muerte. Sin embargo, en este ciclo la muerte no es un imperativo biológico, sino una probabilidad matemática. En otras palabras, la muerte no está inscrita en nuestro genoma, no está codificado en el DNA, y por lo tanto no es parte integral del destino biológico, sino más bien una consecuencia de que al proceso evolutivo no le interesa lo que ocurre cuando el individuo ha cesado de repro-

---

[10] P. B. Medawar, *The uniqueness of the individual*, Methuen and Co., Londres, 1957. De este extraordinario volumen, véanse pp. 17-43.

ducirse. La selección natural se relaja después de la etapa reproductiva, lo que aprovechan las mutaciones deletéreas para expresarse, resultando en lo que conocemos como envejecimiento: el aumento en la vulnerabilidad.

En vista de lo anterior, es posible que nuestra pregunta esté equivocada, o mejor aún, que la respuesta a nuestra solicitud del significado biológico de la muerte sea: no tiene ninguno. La muerte es un accidente, un episodio que ocurre gracias a la suma de tres factores: tiempo, suerte y susceptibilidad, de los que sólo el último es realmente biológico y se conoce como envejecimiento. Pero como éste no es nuestro tema, y como ya he hablado demasiado, prefiero terminar aquí estos comentarios sobre la muerte.

6. CONFERENCIA MAGISTRAL[1]

Hace unos dos meses, ese duende malévolo del doctor Carlos de la Rosa asomó su improbable cabeza en mi laboratorio y dijo: "Además de tu participación en el Curso de Gastroenterología, la Asociación quisiera invitarte a que nos dieras una Conferencia Magistral durante nuestro Congreso. Como naturalmente ya has aceptado, quisiera que me dieras el título de tu conferencia; no tengo ninguna prisa, tómate los próximos 13 minutos para decirme de qué nos vas a hablar. Incidentalmente, quizá debas saber que los otros dos conferencistas serán el maestro Bernardo Sepúlveda y el doctor Jesús Kumate (esto último no lo recuerdo bien, quizá Carlos dijo: "el Dr. Bernardo Sepúlveda y el maestro Jesús Kumate"...). Mi reacción inmediata fue de un miedo interplanetario, que se tradujo por una urgencia urológica que no voy a detallar. "¿De qué puedo hablar ante la Asociación Mexicana de Gastroenterología —me decía en mis 13 minutos de gracia— que no resulte ridículo frente a los otros dos Conferencistas Magistrales?" A esta pregunta no obtenía respuesta, mientras los 13 minutos se reducían a 8, y después a 3...

De pronto, en el último minuto de gracia, se me ocurrió lo que entonces tuvo el aire de una idea salvadora. ¿Por qué no hablar precisamente de este problema? ¿Por qué no comunicarles, aunque sea por única y última vez, a los miembros de una Sociedad científica médica, las angustias y los problemas de un invitado a pronunciar una "Conferencia Magistral"? Una conversación telefónica con el doctor Luis Cervantes, Augusto Presidente de esta Sociedad, me convenció de que la mayoría de sus miembros nunca habían estado expuestos a la tortura que representa la preparación de una Conferencia Magistral, y mu-

---

[1] Conferencia presentada en el VI Congreso de la Asociación Mexicana de Gastroenterología, en diciembre de 1975.

cho menos alternando con maestros sabios tan respetados y conocidos como los antes mencionados. "Bien —me dije— he aquí un tema posible para una conferencia magistral. Una conferencia sobre las conferencias magistrales." Me costó varios días convencerme de que éste no era un tema idiota, una solución de segunda a un compromiso aceptado más por afecto a Carlos de la Rosa que por convicción de su importancia educativa. Pero una vez aceptado el tema, el siguiente punto era decidir qué hacer con él. Es obvio que existen muchas soluciones posibles; yo he intentado una, y confieso que la sabiduría de mi decisión es un detalle aún no cuantificado, sobre todo porque no sé cómo definir las unidades. Pero ante una invitación tan generosa hay qué producir algo, y lo que sigue es mi contribución, mala o pésima, a este Congreso.

El análisis de muchas conferencias magistrales (leídas, porque en general es muy difícil convencerme de que asista a alguna) me ha convencido de que son el resultado de la interacción de dos elementos: el conferencista y su tema. Considerando este binomio como útil operacionalmente, me he permitido clasificar a las conferencias magistrales en 3 tipos y con objeto de caracterizar su rasgo más prominente, los he bautizado en forma que al principio parecerá caprichosa pero que espero les convenza al final. Los tres tipos de conferencias magistrales son los siguientes:

Tipo I: Apolíneas o Narcisistas.
Tipo II: Dionisíacas o Sensacionales.
Tipo III: Cefalálgicas o Somníferas.

Desde luego, ésta es una clasificación artificial, ya que la mayoría de las conferencias magistrales pertenece a formas intermedias o francamente híbridas, mezclas de dos o los tres tipos mencionados. Pero con el propósito de sistematizar el análisis, aceptemos por el momento estos estereotipos y procedamos a examinarlos.

Tipo I : Apolíneas o Narcisistas:
Las Conferencias Magistrales que pertenecen a este tipo se caracterizan porque su único objetivo es destacar la personalidad del conferencista. La forma de hablar, el tema escogido, su organización, las ilustraciones y todos los demás detalles están

cuidadosamente seleccionados para convencer al auditorio de que el conferencista es El Mejor del Mundo o por lo menos Un Gran Hombre. Para evitar malentendidos, en vez de proseguir con la descripción de las conferencias magistrales apolíneas, voy a parafrasear un texto de Max Delbrück[2] (quien lo atribuye a un "amigo perceptivo") donde se usa del lenguaje zoológico para facilitar la descripción:

La especie *Homo Magistralis* corresponde a una rama de la familia del extinto *Homo Medievalis*, que se ha conservado a través de los años, a pesar de todas las vicisitudes por las que ha atravesado, sin cambiar ninguna de sus características sobresalientes. Es relativamente fácil de observar pero difícil de comprender. Existen diferentes variedades y subvariedades, desde el humilde *Homo Magistralis profesorius*, que muchos autores dudan debería ser incluido en este grupo y sostienen que pertenece a especies menos diferenciadas y más cercanas a los antropoides, hasta el sublime *Homo Magistralis academicus*, una subespecie que resulta de la hibridización de estas dos variedades de animales. Todos recordamos el trágico fin del Prof. Steinkopff, quien se suicidó cuando el mundo científico no quiso creer su relato de haber asistido a una reunión donde había muchos ejemplares del *Homo Magistralis academicus*, todos disfrazados de pingüinos. Pero la incredulidad ha cedido ante el embate de numerosos y bien documentados artículos que han confirmado la observación pionera del Prof. Steinkopff. Hablaremos más de esta forma peculiar de comportamiento de estos animales más adelante.

Habitat. Las distintas variedades de *Homo Magistralis* son más frecuentes en Europa (especialmente en Francia, Italia y España, pero se están extinguiendo rápidamente en Portugal, probablemente por el reciente cambio de clima en ese país) y en Latinoamérica; son raros en Norteamérica, aunque algunos de los ejemplares más egregios han sido vistos en las costas del noroeste norteamericano. No parecen existir en África, y aunque la información sobre Asia y Rusia es escasa, se supone que son poco frecuentes.

Homo Magistralis tiende a asociarse con otras variedades, como *Sapiens*, *Faber* o, menos frecuentemente, *Politikon;* no es raro verlo rodeado por grupos más o menos grandes de estas variedades, y en esas ocasiones exhibe todas sus características con mayor claridad.

Descripción. *Homo Magistralis* es un animal bípedo e implume de marcha erecta, generalmente de estatura menor que la que cree tener, el cerebro es de tamaño promedio pero puede mostrar áreas reblandecidas, a ve-

---

[2] M. Delbrück, "Homo scientificus according to Beckett", en *Science, Scientists, and Society*, Nueva York, (W. Beranek, Jr., ed). Bowden & Quigley, Inc., Publ., 1972, pp. 133-152.

ces muy amplias, o bien tener consistencia pétrea. Puede haber pelo en la cabeza y a veces hasta en la cara, pero nunca le cubre la nariz; casi siempre se tapa con distintos materiales de forma y colores caprichosos, y como regla usa zapatos. La actividad favorita de *Homo Magistralis* es hablarle a un grupo más o menos grande de otras variedades de la misma especie, a veces por horas; el auditorio está generalmente quieto, y algunos se observan dormidos la mayor parte del tiempo. A pesar de su aspecto imponente, *Homo Magistralis* es inofensivo, especialmente si tenemos cuidado de mostrarle una actitud deferente y de admiración ilimitada, con lo que se transforma de lejano a amable; nunca se le ha oído decir "No sé". Frente a otro animal de su misma variedad, *Homo Magistralis* adopta una posición distante pero cortés, y generalmente pretende ignorarlo, dedicando toda su atención a las otras variedades que lo rodean. En cambio, la variedad conocida como *Homo Magistralis academicus* tiende a la promiscuidad con sus semejantes, entre los que se encuentra muy a gusto, lo que ocasionalmente manifiesta agregando a los materiales con que se cubre otros que le dan un aspecto peculiar, mezcla de pingüino y papagayo. Algunos autores piensan que el mimetismo reflejado en esta actitud es puramente físico, aunque otros han construido la famosa hipótesis de la metamorfosis narcisista, de la que no nos ocuparemos aquí.

Reproducción. Además de los procedimientos habituales, *Homo Magistralis* tiende a reproducirse por un curioso método, conocido como promorfosis por los autores franceses, y que dan origen a la variedad *Homo Promagistralis ridiculensis*, durante mucho tiempo considerada como una rama regresiva y en plena degeneración, pero que si sobrevive a la agresividad de otros *Homo Magistralis* o aun de variedades menores como la *Sapiens*, puede llegar a transformarse en la forma adulta. Los ejemplares femeninos de *Homo Magistralis* son muy raros: no existe ninguno vivo en cautiverio...

Hasta aquí las características generales del Conferencista Magistral correspondiente al *Tipo I* de mi clasificación. Aunque sea brevemente, debo mencionar también el otro miembro del binomio que estamos examinando, el tema de la conferencia, que muestra ciertas peculiaridades. En primer lugar, con frecuencia empieza en forma reflexiva posesiva; por ejemplo: *"Mi experiencia con..."*, o bien *"Mis primeros 30 años estudiando..."*. El mismo efecto se logra cuando después del título se agrega una frase alusiva al conferencista por ejemplo *"La Mandolina entre los Chinos. Experiencia Personal"*, o bien *"La Cacería de Negros Bantu en Sudáfrica"*, y el programa agrega, *"Habrá demostración de piezas cobradas recientemente por el conferencista".* Finalmente, una forma relativamente común de lograr el objetivo apolíneo con el título de una Conferencia Magistral es que el conferencista haya desarrollado, a lo largo de penosos años de trabajo fecundo y creador, una especie de reflejo condicionado entre su nombre y un tema, de tal manera que la asociación no sólo sea medular sino irresistible. Para mencionar un solo ejemplo (en vías de establecimiento), cuando se anuncia una conferencia por el doctor Ruy Pérez Tamayo, 9 de cada 10 colegas que piensan en algo que no sea un adjetivo calificativo dirán: *Colágena,* a sabiendas de que no importa cuál sea el tema, yo encontraré invariablemente la oportunidad de mencionar a mi proteína favorita. Los que así pensaron cuando vieron anunciada esta plática con el simple título de "Conferencia Magistral", ya han visto cumplida su profecía...

Tipo II: Dionisíacas o Sensacionales:

El Segundo tipo de Conferencias magistrales es el dionisíaco o sensacional, donde el objetivo es atraer y fijar la atención del público sobre la conferencia. Aunque existen títulos de conferencias (y conferencistas) que sugieren de antemano esta forma de presentación, para el público inocente casi siempre resultan una sorpresa. Lo más interesante es que invariablemente tienen un éxito fenomenal, al margen de si es cierto o no lo que se diga en ellas. Características inconfundibles de este tipo dionisíaco son la presentación de 250 (o más) diapositivas exquisitas, de películas a colores técnicamente perfectas, o la demostración pública de algún experimento o truco realizado con destreza. En general, mientras más pirotecnia se pone en la presentación de la conferencia, más sospechosa resulta su relación con la realidad. Mi buen amigo Carlos Biro expresaba esto con su gracia característica, al definir a un "experto": "Es un tipo que viene de fuera y que trae diapositivas". Lo anterior no quiere decir que no sean conferencias divertidas; todo lo contrario, en este tipo dionisíaco de presentación nunca se duerme nadie, y como además el conferencista es con frecuencia un experto *show-man,* termina por llevarse la tarde. Como otra vez no quiero que haya malentendidos, voy a relatarles el desarrollo de una conferencia magistral dionisíaca a la que asistí, obligado porque después de escucharla me tocaba hablar a mí. Esto ocurrió en otro país y ciudad que no identificaré para evitar represalias de la CIA.

Para empezar, la pantalla era inmensa y el conferencista había dispuesto 4 proyectores del tipo del carrusel, además de un proyector cinematográfico de 16 mm con sonido. Los proyectores de diapositivas tenían conexión con dos difusores, lo que permitía obtener el efecto que los cinematografistas llaman *"fade-out"*, o sea pasar a la siguiente proyección mientras la que se muestra en la pantalla se va desvaneciendo poco a poco... Esto es muy impresionante, sobre todo para un patólogo de país subdesarrollado como yo, que sólo tiene un proyector manual, al que generalmente se le funde el foco. Durante la conferencia (creo que el tema era de biología molecular) el conferencista cambiaba desde el podium sus propias diapositivas con una maestría tal que nos dejó completamente atontados; primero las 4 juntas, después las dos de arriba nada más, luego las dos de abajo, luego un *"fade-out"* de las de arriba con un cambio rápido de las de abajo, y así sucesivamente, interminablemente, sin equivocarse una sola vez. En las diapositivas había de todo: fotografías de Watson y Crick, esquemas del doble hélice del DNA, fórmulas químicas, electromicrografías, imágenes de difracción de rayos X, cromatogramas complejos, imágenes histológicas y, naturalmente, algunas reproducciones del *Playboy*. De pronto, pero sin interrumpir la conferencia, mi colega apagó los carruseles y encendió el proyector de cine, con el que también empezó la música, pues los créditos de la película se acompañaban de una obertura de Rossini (seguro que no la escogió él, ya que tiene mejor gusto musical que eso) y después mostró las imágenes más extraordinariamente bellas de células y bacterias vivas en cultivo, moviéndose voluptuosamente mientras su citoplasma cambiaba de un rosado tierno a un azul cielo, para terminar en un tornasolado iridiscente. Boquiabiertos y estupefactos, el público y yo seguimos aquella catarata maravillosa y policromada, sin atrevernos ni a parpadear para no perder ni un solo cuadro del espectáculo. Terminó la película y continuaron los carruseles con unas cuantas diapositivas más (creo que sólo fueron 300) y terminó con 4 simultáneas tomadas de Charlie Brown. El aplauso debe haberse oído desde allá hasta el Monumento a la Revolución aquí, y lo único que enfrió mi entusiasmo fue que a mí me tocaba hablar después, y no me la habían dejado nada fácil. Quiero terminar esta descripción señalando que hasta hoy me acuerdo de la impresión sensacional que me dejó esa conferencia, pero debo agregar que del contenido no tuve ni tengo todavía la menor idea. Claro que esto es irrelevante al *Tipo II* de Conferencias Magistrales, cuyo objetivo es atraer y fijar la atención del público en la conferencia, no en su contenido. Antes he mencionado que Carlos Biro tiene una opinión no muy encomiable de los conferencistas que abusan de las diapositivas, y en alguna ocasión me contó que, encontrándose en un seminario (sin diapositivas, como era su costumbre) y después de haberse aguantado un rollo de un "experto", se paró a hablar y dijo: "Por favor, me pasan la diapositiva núm. 3 del colega..." Creo que Carlos estaría de acuerdo con la 3a. Ley de Murphy, que dice:

La importancia y la verdad del contenido de una Conferencia Magistral está en relación inversamente proporcional al número y tipos de materiales audiovisuales que se usan para presentarla.

Tipo III: Cefalálgica o Somníferas:
No me detendré en este tipo, ya que es con mucho el más común y quizá están ustedes asistiendo ahora a un ejemplo reluciente. En forma breve diré que el conferencista no tiene nada que decir, y además no sabe cómo decirlo; no es raro que la mitad de la conferencia la pase confesando que "el honor de la invitación es inmerecido", o bien "mis modestas contribuciones" y tampoco es raro que eso sea lo único de que convenza al público. Además sus diapositivas (porque indefectiblemente las tiene, y no pocas) casi no pueden leerse de lo llenas de material que están, o se ven miserablemente fuera de foco, o se proyectan todas de cabeza, o las traía desordenadas, o todas estas cosas juntas.

Antes señalé que la clasificación de las Conferencias Magistrales que estoy proponiendo es artificial, porque la gran mayoría son combinaciones de los tres tipos. Con impaciencia, algunos de Uds. seguramente estarán pensando que falta un tipo, que todavía no he dicho nada de la Conferencia Magistral *Tipo 0*, que sería la Conferencia Perfecta. No lo he hecho hasta este momento para evitarme que comparen mi caracterización de este tipo de conferencia con la que hasta ahora han estado escuchando generosamente. Pero ni modo, debo enfrentarme a la dura realidad, y ahí les va: he caracterizado a la Conferencia *Tipo 0* como la Platónica o Estimulante. Platónica porque el conferencista, aunque involucrado en su presentación e interesado en cumplir con su función, mantiene la suficiente independencia para no perder la objetividad, y la distancia necesaria para conservar la ecuanimidad; estimulante, porque ha escogido un tema que conoce y en el que, dentro del tiempo concedido, puede hacer una contribución a su auditorio. Su autoridad en la materia debe ser reconocida, de modo que al ver el anuncio algunos miembros potenciales de su público digan: "Vamos a oír qué dice Fulano", o "vamos a oír qué dice el Maestro..." en vez de despertar la reacción habitual de mi amigo Manuel Fierro, que generalmente dice con afectada inocencia: "...el Maistro, tú..." aunque no diré con referencia a quién.

Quisiera enfatizar algo que sólo he mencionado de pasada, que es el objetivo de la Conferencia Magistral *Tipo 0*. En mi opinión este objetivo se alcanza si el conferencista sigue las Tres Reglas de Oro de la Conferencia Magistral Perfecta, que son:

Tener algo que decir
Decirlo
No decir nada más

En otras palabras, el objetivo de la Conferencia Magistral *Tipo 0* no es ni una ocasión para ensalzar la personalidad egregia del conferencista, ni una oportunidad para que un *show-man* nos apantalle con pirotecnias del Mago Maravilla; es, simplemente, un ejercicio en comunicación. Claro que todos somos humanos y nos gusta brillar, ser famosos y admirados, y claro que echamos mano de algunos trucos para capturar y conservar la atención de nuestro público; sin embargo, éstos son incidentes colaterales al objetivo central de la conferencia, son el precio que debemos pagar por no haber alcanzado todavía la perfección en esta tierra y seguir siendo imperfectos seres humanos. Pero esto no debe hacernos perder de vista el objetivo de la Conferencia Magistral *Tipo 0*, que es comunicarnos. El contenido de la comunicación no es puro ruido, como en la Conferencia Magistral *Tipo II*, ni tampoco autobombo, como en el *Tipo I*; ambos tipos de conferencias ignoran la calidad humana del auditorio, lo usan como simple caja de resonancia, revelando así los conferencistas no sólo su enajenación casi completa de este simple acto social, sino también su falta de respeto por la personalidad de su auditorio, que de colegas tridimensionales y heterogéneos se transforman en una masa amorfa y homogénea de oligofrénicos.

Esto me lleva de la mano al último punto de mi conferencia. Hasta ahora he tratado con cierta extensión al conferencista y sus actitudes, y al tema de su conferencia y sus posibilidades. Pero las conferencias magistrales casi nunca se dan en el vacío; siempre hay un público que las escucha, que puede ser escaso o abundante, favorable o criticón, infantil o adulto, y muchas otras cosas más, pero nunca ausente (aunque en dos ocasiones a mi me ha tocado ser el único miembro del auditorio de conferencias magistrales, curiosamente una vez en el Colegio Nacional y otra vez en el Collège de France). Mi pregunta ahora es: ¿Por qué hay público para las Conferencias Magistrales? Estaría tentado a dirigirme a algunos de ustedes personalmente y preguntarles ahora mismo: ¿qué estás haciendo aquí, manito? No voy a hacerlo porque queda muy poco tiempo, y además porque temo algunas de las posibles respuestas. Aquí tienen una lista de varias, que seguramente no agotan la versatilidad y el ingenio de ustedes como público:

Están muy cómodas las sillas
No tenía otra cosa que hacer ahorita
Me senté hasta adelante y me dio pena que me vieran salir
Pensé que ibas a hablar de la colágena (¡)
Bueno, yo soy de la Mesa Directiva y como nosotros te invitamos, se me hizo feo no estar
Para algo fuimos compañeros en la escuela ¿no?
Yo dije, pos a lo mejor dice algo.

No les he hecho justicia, y les pido una disculpa a aquellos de Uds. cuya respuesta no fue incluida en esta breve lista. Pero lo que me interesa recalcar es que *a propósito* yo me negué a dar un título a esta Conferencia, y les pedí a mis generosos anfitriones que la anunciaran crípticamente como Conferencia Magistral. Y sin embargo, Uds. están aquí. Mi conclusión es que el tema de las conferencias magistrales *no* es uno de los factores que determina la presencia de un público. Quisiera pensar que la personalidad del conferencista *sí* es uno de los factores, pero temo que una discusión de este punto esté demasiado cerca de mi Ego para poder examinarlo con objetividad. Pero también estoy convencido de que el factor más importante, o quizá el único en muchos casos, que determina la presencia generosa del público en cualquier sala, es la liturgia.

Somos miembros de una especie animal bípeda, implume, gregaria, inteligente, con historia, que evoluciona no sólo por factores biológicos sino también culturales, y que además está enamorada de una de sus invenciones más absurdas y más irracionales, que ya se vislumbra en las hileras perfectas que forman las hormigas, en la formación de los vuelos de los pájaros, en la belleza deslumbrante del pavo real macho cuando abre su cola iridiscente. Estamos fascinados no sólo por las cosas que hacemos, sino por *cómo* las hacemos; en otras palabras, somos animales de rutina, condicionables, sujetos más de costumbre que de razón o de ética. Y en este asunto de la comunicación, que es una de las funciones más características de las especies animales superiores, que alcanza sus niveles más elevados de complejidad en el hombre, también hemos dejado nuestra marca específica, también hemos petrificado ciertas acciones como las formas más eficientes de intercambiar información, pero no al nivel del lenguaje del baile de las abejas, ni de los sonidos guturales de las ballenas, sino con toda la sofisticación de que es capaz el ser humano. De todos modos, aunque ahora yo ocupe este podium y emita desde aquí diferentes sonidos, aunque ustedes, estén sentados escuchándome con paciencia, aunque toda la parafernalia que hizo posible esta interacción entre ustedes y un servidor se haya preparado desde hace dos meses, haya aparecido impresa en pedacitos de papel, y sea sujeto de comentarios ulteriores (espero no muy denigrantes), lo que estamos realmente haciendo es comunicándonos, pero como miembros de la especie *Homo sapiens*, a la que todos pertenecemos. En otras palabras, la comunicación es un mandato genético, está inscrito en nuestro DNA, ha sido seleccionado como un mecanismo de adaptación que nos confiere ventaja sobre otras especies, y además representa parte de nuestra herencia cultural de muchos miles de siglos. Pero nosotros no cumplimos con este mandato en forma simple, como los delfines o las hormigas, sino que lo hacemos a través de otros esquemas sobreimpuestos, derivados de la enorme complejidad de nuestro genoma, uno de los cuales especifica la necesidad inevitable de la liturgia, del establecimiento de rituales que adquieren propiedades mágicas, que a fuerza de reiteración nos convencen de que *si no se hace así, no está bien hecho*. Uno de estos rituales es la Conferencia Magistral y todos nosotros, conferencista y público, estamos aquí porque hemos aceptado, desde lo más profundo de nuestro DNA, que parte del precio que debe pagarse por pertenecer a la especie humana es participar en funciones de este tipo.

Por lo tanto, para cumplir con los mandatos de mi DNA, yo he aceptado dar esta Conferencia Magistral, que ustedes han escuchado para cumplir con los mandatos de su DNA. A pesar de esta última postura calvinista, que huele a predeterminación, les doy a ustedes las más cumplidas gracias por su asistencia y su atención.

7. SERENDIPIA[1]

I

Lo primero que deseo decirles es que yo estoy aquí por serendipia.[2] Cuando hace aproximadamente un mes la Dra. Cecilia Ridaura me hizo la generosa invitación para que participara en este homenaje al doctor Vicente Ridaura, me dijo con claridad que lo hacía por tres razones: 1] porque tengo la fortuna de conocer a Don Vicente; 2] porque soy originario de Tampico; y 3] porque ella cree que soy un personaje. Éstas fueron las tres razones que me dio Cecilia y si las menciono es porque yo siempre digo la verdad. Por lo mismo, debo decirles que ésas no fueron las razones por las que acepté el honroso convite; mis razones fueron igualmente tres: 1] porque tengo la fortuna de conocer a Don Vicente; 2] porque participar en esta celebración de sus 25 años de Maestro Universitario es festejar los valores que siempre he considerado como los más limpios, los más honestos y los más dignos de que es capaz el ser humano; 3] porque la doctora Ridaura prometió agasajarme con una paella de las que sólo ella sabe hacer. Confieso que la promesa de la paella también la obtuve por serendipia, pero de esto hablaré más adelante. Aunque soy tampiqueño, no considero esto una razón para venir a este homenaje a don Vicente; me siento muy honrado de ser tampiqueño, sobre todo desde que los Ridaura decidieron engrandecer mi patria chica con su preciosa presencia. Pero yo salí de Tampico en 1933, cuando apenas tenía 8 años de edad, unos días después de que el famoso ciclón de ese año

---

[1] Conferencia pronunciada en octubre de 1975, en la celebración de los 25 años de Maestro Universitario del Dr. Vicente Ridaura, en Tampico, México.

[2] Como puede verse más adelante, la palabra *serendipia* proviene de "Serendib" o "Serendipo", antiguo nombre de Sri Lanka (despues conocido como Ceylán). Yo prefiero este término a *serendipitia*, que es la castellanización de la palabra inglesa *serendipity*, por la misma razón por la que prefiero traducir *stupidity* como *estupidez* y no como *estupiditez*.

(creo que entonces no se estilaba ponerles nombres femeninos a los ciclones, pero no dudo que éste se hubiera llamado Cecilia...) había destruido tres cuartas partes del puerto, incluyendo el edificio donde vivíamos y todas nuestras pertenencias. Mi siguiente viaje a Tampico fue 30 años después, y confieso haber escudriñado la Laguna del Chairel en busca de los patos que mi padre iba a cazar muy temprano en las mañanas de algunos domingos, haber hecho un sentimental e infructuoso viaje para probar otra vez el famoso pan de Pueblo Viejo, que tenuemente recordaba de mis años infantiles, y hasta haberme ido a parar un rato frente a la puerta de la escuela "Lauro Aguirre" donde pasé mi primer año de escolar. De manera que mi origen y escaso contacto con Tampico no justifican mi presencia en este homenaje.

En cambio, soy un admirador de los Ridaura y les tengo a todos un gran afecto. No voy a enumerar sus muchas virtudes, en vista de que ya lo han hecho en estos dos días gentes que los conocen mejor y los han tratado cotidianamente durante muchos años. Cuando Cecilia me hizo la invitación a venir y participar en este homenaje, pensé que quizá fuera más apropiado y menos aburrido hablar de serendipia que presentar un trabajo científico, en vista de que yo descubrí a los Ridaura por serendipia. Y como ya he mencionado la palabrita 4 veces, creo que es tiempo de entrar en materia.

II

La palabra serendipia no aparece en el *Diccionario de la Real Academia Española*. Esto no es de extrañar, en vista de que el término fue acuñado apenas hace 221 años, y ya sabemos que la Real Academia Española se toma su tiempo para aceptar nuevas palabras: las cosas en palacio, van despacio. La palabra serendipia significa: *"La capacidad de hacer descubrimientos por accidente y sagacidad, cuando se está buscando otra* cosa. A primera vista, serendipia parece querer decir lo mismo que "chiripa", pero como este último término sí se encuentra en el

Diccionario de la Real Academia Española, ahí vemos su significado: *"En el juego de billar, suerte favorable que se gana por casualidad. 2. fig. y fam. Casualidad favorable."* Serendipia y chiripa comparten el elemento casual, de accidente, pero mientras serendipia requiere además sagacidad, lo que no se menciona en la chiripa, serendipia no se refiere a que la suerte sea favorable, mientras que esa característica forma parte esencial de la chiripa. Los puristas señalarían otra diferencia más entre los dos términos: serendipia es una capacidad o facultad del individuo mientras chiripa es el hecho que acontece.

La palabra serendipia fue inventada por un personaje interesante, de quien conviene decir unas cuantas palabras. Se trata de Horacio Walpole, un escritor, crítico de arte y político ocasional inglés, que vivió de 1717 a 1791 en Strawberry Hill, hoy en las afueras de Londres y propiedad del Colegio St. Mary, en Twickenham. Walpole era noble (el cuarto conde de Orford), rico, ocioso, coleccionista, anticuario y pedante, es decir, un típico inglés de clase aristócrata. Ninguna de esas características sirvió para inmortalizarlo; en cambio, Walpole se hizo famoso por sus cartas, escritas casi todas con un ojo puesto en su corresponsal y el otro en la posteridad, que constituyen una fuente muy rica para reconstruir la historia de la Europa de su época, el siglo XVIII. En una carta escrita por Walpole a Horacio Mann (de quien diremos más en un momento) el 7 de marzo de 1754, dice "... prefiero escribir sobre historia, más que actuar en ella". Sus temas eran seleccionados con esta idea, como también lo eran sus corresponsales; su estilo es fluido y fácil de leer, como veremos en un momento, y sus cartas tienen el sabor y el atractivo inconfundible del chisme.

En 1739 Walpole tenía 22 años de edad y ya estaba embarcado en su tarea de corresponsal extraordinario de su época; en ese año abandonó Inglaterra para cumplir con una de las funciones propias de su rango aristocrático, que era realizar un viaje por algunos países de Europa, al término de su educación en los colegios ingleses. La tradición dictaba que el viaje durara más o menos un año, que se hiciera acompañado de un tutor de mayor edad, y el itinerario incluía Francia, Alemania e Italia, pasando por Suiza sólo por razones de viaje. Walpole lo hizo todo al

7.1 Hugh Walpole, inventor de la palabra Serendipia (cortesía de la National Portrait Gallery, Londres)

revés: omitió Alemania por completo y pasó la mayor parte del tiempo en Italia, el viaje duró dos años y medio, y se hizo acompañar de su amigo y compañero de escuela, el poeta Thomas Gray; solamente en Florencia Walpole pasó 15 meses, lo que tuvo una influencia definitiva en su formación como crítico de arte. Para nosostros, interesados ahora en la historia de la serendipia, la estancia de Walpole en Florencia fue definitiva, pues ahí conoció a Horacio Mann, el enviado del Rey Jorge II. Florencia era un sitio de gran importancia para la familia real inglesa de aquella época, pues los Estuardo vivían en Italia y a Jorge II le interesaba saber lo que hacía el Príncipe Pretendiente; además, como centro social y cultural, Florencia era muy visitada por súbditos ingleses y sus necesidades de viajeros eran atendidas con eficiencia y cortesía por Mann. Walpole reconoció la importancia estratégica de adoptar a Mann como corresponsal, aunque éste era 16 años más viejo que él; entre ambos se desarrolló una estrecha amistad que duró por 45 años hasta la muerte de Mann. Walpole se alejó de Florencia en 1741 y los dos amigos nunca volvieron a verse, pero mantuvieron una correspondencia de cerca de 1 800 cartas.

El 18 de enero de 1754 Walpole le escribió a Mann una carta para notificarle de la llegada de un retrato de Bianca Capello, una bella cortesana del siglo XVI que llegó a ser Duquesa de la Toscana; Walpole había visto el retrato en el Palacio Vitelli, de Florencia, hacía más de 12 años, y le había gustado muchísimo. Horacio Mann estuvo pacientemente en espera de la primera oportunidad para comprarlo; cuando por fin pudo hacerlo, se lo mandó a su amigo como obsequio. Durante un tiempo el retrato se atribuyó a Bronzino, pero posteriormente los conocedores concluyeron que era de Vasari; sin embargo, hoy están seguros de que lo pintó Bronzino.[3] En esa carta hace su aparición por primera vez la palabra que nos ocupa, serendipia. Una parte de la carta dice lo siguiente:

Su Alteza Serena la Gran Duquesa Bianca Capello ha llegado bien al palacio recientemente adquirido para ella en la Calle Arlington; la han visitado muchos nobles y aristócratas y a todos cautiva por las gracias de su persona y la nobleza de su porte... Mi querido amigo, esto es lo menos que los periódicos dijeron de la encantadora Bianca. Yo que conozco lo agradable de tu trato debo decir mucho más, o debería decir mucho más, pero sólo puedo hablar suficiente del cuadro, no de ti. La cabeza está pintada igual

[3] Allessandro Bronzino, y no Agnolo "Il Bronzino".

que el Ticiano y aunque realizada, supongo, después de que el reloj había dado las cinco y media, todavía retiene gran parte de su belleza. He encargado un marco para ella, con el escudo del Gran Ducado arriba, su historia en un letrero abajo, que Gray va a escribir en un latín corto y expresivo como el de Tácito (¡qué suerte la de poder encargar y obtener tal inscripción!), el escudo de armas de los Medici en un lado y el de los Capello en el otro. Debo mencionarte un descubrimiento crítico mío *a propos*: en un libro viejo de escudos venecianos hay dos de Capello, que por su nombre lleva un sombrero, en uno de ellos se agrega una flor de lis en una esfera azul, que estoy convencido le fue otorgada a la familia por el Gran Duque, en consideración de su alianza; como tú sabes los Medici llevaban este emblema en la parte superior de su escudo. Este descubrimiento lo hice por un talismán, que el Sr. Chute llama las *sortes Walpolianae*, por el que yo encuentro todo lo que quiero *à point nommé*, donde me detengo a buscarlo. Este descubrimiento es casi del tipo que yo llamo serendipia, una palabra muy expresiva, que como no tengo nada mejor que decirte voy a intentar explicártela; la entenderás mejor por derivación que por definición. Una vez leí un cuento tonto llamado *Los Tres Príncipes de Serendipo*: mientras sus altezas viajaban iban siempre haciendo descubrimientos, por accidentes y sagacidad, de cosas que no estaban buscando; por ejemplo, uno de ellos descubrió que una mula tuerta del ojo derecho había pasado por el mismo camino recientemente, porque el pasto sólo había sido comido en el lado izquierdo, donde era menos bueno que en el lado opuesto ¿entiendes ahora lo que es serendipia? Uno de los casos más notables de esta sagacidad accidental (porque debes observar que ningún descubrimiento de algo que estás buscando cae dentro de esta descripción) fue el de Mi Señor Shaftesbury, que cenando en casa del Señor Canciller

7.2 Parte de la carta de Walpole a Mann, donde aparece la palabra Serendipia por primera vez (tomado de Remer, ref. 1.4)

Clarendon se enteró del matrimonio del Duque de York y la Sra. Hyde, por el respeto con que su madre la trataba en la mesa. Te enviaré la inscripción en mi próxima carta, para que veas que me ocupo de adornar tu regalo como se merece.

Walpole inventó otras palabras, como "triptología", que se refiere a la tendencia del doctor Johnson a repetir tres veces lo que escribió en su *Diccionario*, y la rara palabra "sharawadgi" que según Sitwell era: "un término usado en el siglo xviii y supuestamente de origen chino, pero en realidad inventado por Walpole y su grupo de amigos para indicar la calidad de la belleza que se encuentra en arreglos pintorescos y no intencionales de configuraciones aparentemente irreconciliables". Ambos términos tuvieron una muy corta existencia, mientras que serendipia creció vigorosamente a través de los años.

III

La carta contiene por lo menos tres pistas, que vamos a seguir brevemente. La primera es el nombre Serendipo, de donde se deriva nuestra palabra. Serendipo es el antiguo nombre de Sri Lanka (Ceylán) y durante un tiempo se pensó que tuviera origen árabe, del término Sarandib, pero la *Enciclopedia Británica* señala: "Sarandib es una corrupción del sánscrito *simhaladvipa*." En una revista inglesa llamada *Nota y Preguntas*, el 22 de mayo de 1885 apareció una carta de Charnock donde se decía: "Serendipia se refiere a Serendib, corrupción árabe del término *Sinhaladvipa* (isla de leones), que hoy se ha corrompido como Ceylán." Pero el 26 de junio del mismo año el gran orientalista inglés Childers refutó el dato en otra carta, publicada en la misma revista, donde señala: "*Sinhaladvipa* no significa isla de leones sino isla de la gente Sinhalesa." Ceylán es una corrupción no de Sinhaladvipa, sino de Sinhala. Ese mismo año Childers publicó el primer diccionario del idioma Pali, donde aparece el término "dipo" definido como una isla. Fick y Hilka sugieren que la palabra se basa en el término sánscrito, *"Shimhala"*, pero añaden que se deriva de la voz *serumdipa* en idioma Pali. Remer,[4] un abogado norteamericano ya se ha aficionado al término serendipia y ha invertido años y mucho dinero en explorarlo en la forma más completa posible, concluye que el término Serendipo es una combinación del sánscrito *Simhala* y del pali *Dipa*.

Otra pista son los dos ejemplos que Walpole da en su carta para ilustrar el significado de serendipia. Uno se refiere a su recuerdo del cuento de una mula tuerta que dice haber leído en el libro *Los Tres Príncipes de Serendipo*, y el otro al descubrimiento de un matrimonio entre nobles por un cambio en sus costumbres de sobremesa. Lo curioso es que ninguno de estos dos ejemplos llena los criterios de serendipia, y si no fuera porque en otras cartas Walpole sí menciona verdaderos casos de serendipia genuina estaría en la difícil posición de un autor que inventa una palabra y después resulta incapaz de utilizarla correctamente. El cuento al que se refiere Walpole no es sobre una mula sino sobre un camello y los príncipes no muestran serendipia sino una buena capacidad de observación y dotes sobresalientes de deducción, lo que los hace dignos predecesores de Sherlock Holmes y de su aún más fabuloso hermano Mycroft.

El cuento, que a continuación me voy a permitir leerles, empieza diciendo que en tiempos antiguos había en Serendipo, en el Lejano Oriente, un grande y poderoso Rey llamado Giaffer, que tenía tres hijos a los que amaba tiernamente. Sintiéndose enfermo, los reunió para pedirles que ocuparan el trono pero sucesivamente los tres le dijeron que primero deberían ver el mundo. Entonces el rey, molesto por la desobediencia, los corrió del reino, esperando que regresaran con la experiencia necesaria para encargarse de la dirección del país.[5]

Así empezaron su peregrinación y salieron de su reino y caminaron hasta que llegaron al reino de un grande y poderoso emperador, cuyo

---

[4] T. G. Remmer, (ed): *Serendipity and the Three Princes: From the Peregrinaggio of 1557*, University of Oklahoma Press, Norman, 1965. Este volumen es la fuente principal de información para esta conferencia; contiene la primera traducción directa al inglés (hecha por Borselli especialmente para este libro) del *Peregrinaggio*.

[5] La traducción al castellano es mía y se basa en la versión de Borselli señalada en la nota 4.

Serendipity
AND THE THREE PRINCES

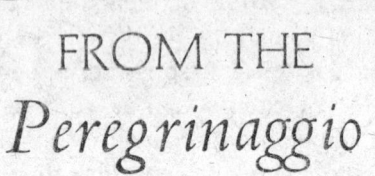

FROM THE
Peregrinaggio
OF 1557

EDITED BY
THEODORE G. REMER

With a Preface by
W. S. Lewis

7.3 Portada del libro de Remer, publicado en 1965 (ref. 1.4)

nombre era Beramo. En la vecindad de la capital imperial, un día encontraron un camellero que había perdido su camello y que les preguntó si por casualidad no lo habían visto en su camino. Como los tres príncipes habían notado pisadas de camello en el camino le dijeron que sí, que lo habían visto, y para hacer su broma más creíble, y porque eran prudentes y sabios y habían visto muchos signos del camello perdido, el primer príncipe le dijo:

—Dime, hermano, ¿tu camello era tuerto?
—Sí —contestó el camellero
El segundo príncipe le preguntó si, además de ser tuerto, al camello no le faltaba un diente.
—Sí —contestó el camellero.
Entonces el tercer príncipe le preguntó si el camello era cojo.
—Sí —contestó el camellero.
—Ciertamente que lo hemos visto hace poco en nuestro camino —dijeron los tres príncipes—, pero lo hemos dejado bastante lejos.

El camellero se alegró de recibir tan buenas noticias y, después de darles las gracias a los tres príncipes, se alejó por la ruta que le habían indicado, en busca de su camello. Al día siguiente regresó, cansado y triste, y volvió a encontrarse a los tres príncipes en un sitio cercano a donde los había dejado; estaban comiendo, sentados cerca de una fuente de agua fresca. El camellero se quejó de no haber encontrado su camello y dijo que había caminado más de veinte millas por el mismo camino pero que su gran esfuerzo había sido en vano.

—De ustedes —dijo el camellero— obtuve la mejor información sobre mi camello, pero a pesar de eso me veo obligado a creer que me engañaron.
Ante esto, el primer príncipe contestó lo siguiente:
—De nuestra información puedes juzgar si nos burlamos de ti o no. Y además, quiero agregar el dato que tu camello llevaba una carga de mantequilla en un lado y de miel en el otro.
—Y yo puedo informarte —agregó el segundo príncipe— que el camello iba cargando una mujer en su silla.
—Y para que creas que te estamos diciendo la verdad —agregó el tercer príncipe— yo puedo decirte que la mujer estaba embarazada.

Cuando escuchó todo lo anterior el camellero tuvo la impresión de que si aquellos tres hombres estaban tan bien informados, y él no había podido encontrar al camello en el camino que le habían señalado, entonces era seguro que ellos eran los ladrones del camello. De modo que se fue a ver al juez y los acusó de que le habían robado su camello en la carretera, con lo que los tres príncipes fueron aprehendidos y encerrados en la cárcel. La noticia llegó hasta el Emperador quien se molestó muchísimo pues, a pesar de todos sus esfuerzos para lo contrario, era imposible cruzar su reino sin encontrar ladrones en los caminos. Al día siguiente llamó a su presencia a los tres príncipes y al camellero que los había acusado, pues quería que se repitiera tanto la acusación como la información detallada dada por los tres príncipes sobre el camello, y al terminar de escucharla, con gran indignación, el Emperador se dirigió a ellos y les dijo:

—Hemos oído lo que este hombre ha dicho, y también la información que ustedes le dieron sobre su camello. Yo concluyo que la verdad es que ustedes le robaron su camello, en vista de que no lo pudo encontrar en el camino que ustedes le señalaron. Es justo que por ese crimen el castigo debería ser la muerte. Aunque me inclino más a la clemencia que a la severidad, de todos modos he decidido que ustedes mueran vergonzosamente si no son capaces de producir el camello.

Los tres príncipes se sintieron decepcionados al escuchar tal decisión, pero confiados como estaban en su inocencia contestaron lo siguiente:

—Señor, nosotros somos tres viajeros en una peregrinación cuyo propósito es visitar distintos países para conocer las maravillas del mundo. Cuando llegamos a este país nos encontramos, no muy lejos de esta ciudad, a este hombre quien nos preguntó si por casualidad no habíamos visto al camello que había perdido. Nosotros no habíamos visto el camello pero habíamos observado tantas cosas en el camino que, por broma, le contestamos que sí lo habíamos visto. Y como queríamos seguir la broma y que nos creyera lo que le decíamos, le dimos toda la información detallada sobre su camello que él te ha mencionado. En vista de que los detalles coincidieron por suerte con la realidad, y como él no pudo encontrar su camello en el camino que le indicamos, injustamente nos acusó de haberlo robado y nos ha traído a tu presencia como criminales. Como ves, lo que te hemos dicho es exactamente la verdad, de modo que aun si el camello fuera encontrado, aceptamos la muerte cruel y amarga que decidas para nosotros.

Cuando el Emperador escuchó las palabras de los jóvenes príncipes se quedó perplejo, pero todavía no podía convencerse de que los seis detalles dados por ellos al camellero pudieran coincidir por suerte con la realidad, de modo que les dijo:

—Yo no creo que ustedes sean tres profetas sino tres asaltantes de caminos cuyo propósito es matar a la gente que se encuentran. Por eso creo que es imposible que no se hayan equivocado en ninguno de los detalles que le dieron al camellero sobre su camello.

En consecuencia, los mandó otra vez a la cárcel, pero al mismo tiempo un vecino del camellero encontró al camello perdido, lo reconoció y se lo llevó a su dueño quien, convencido ahora de que había cometido un error y apenado de haber causado tantos problemas a los tres príncipes, fue inmediatamente a ver al Emperador. Le dijo que su camello había sido encontrado y con gran humildad le pidió que liberara a los tres príncipes de su prisión. Cuando el Emperador escuchó lo que había pasado también se apenó por haber enviado a la cárcel a tres hombres que no habían cometido ningún crimen y dio órdenes de que los liberaran de inmediato y los llevaran a su presencia. En cuanto esto ocurrió les pidió disculpas por su encarcelamiento y por la injusta acusación del camellero. Entonces les expresó su curiosidad por saber cómo podían adivinar tantos detalles del animal perdido e insistió en que los príncipes le dijeran. Y como los tres príncipes estaban deseosos de satisfacerlo, el primero de ellos dijo:

—Yo pensé que el animal perdido debía tener un sólo ojo porque en el camino que había recorrido observé que de un lado el pasto había sido comido a pesar de ser muy malo, mientras que del otro lado del camino el pasto estaba intacto a pesar de ser muy bueno. De modo que pensé que el camello era tuerto del lado del camino donde el pasto era bueno, y no se lo había comido porque no podía verlo, mientras que se había comido el pasto malo que había visto del otro lado.

El segundo príncipe dijo: —Yo pensé, Señor, que al camello le faltaba un diente porque vi en el camino muchas masas de pasto masticado de un tamaño tal que sólo podían pasar por el espacio vacío que deja un diente ausente.

—Y yo, Señor —agregó el tercer príncipe— pensé que el camello era cojo porque había observado claramente las huellas de sólo tres patas de camello bien claras y de una pata que se arrastra.

El emperador estaba altamente asombrado de la inteligencia y prudencia de los tres príncipes, y como también deseaba saber cómo habían conocido los otros tres detalles del camello perdido, les pidió que le informaran sobre ellos también. Los príncipes aceptaron y el primero dijo:

—Señor, yo pensé que la carga del camello era de mantequilla en un lado y de miel en el otro porque a lo largo de por lo menos una milla en el camino había notado en un lado un gran número de hormigas, a las que les gusta mucho la grasa, y en el otro lado un gran número de moscas, a las que les gusta mucho la miel.

—Y yo pensé que el camello iba cargando una mujer —dijo el segundo príncipe— porque observé que cerca de las marcas donde el camello se había arrodillado había una huella de un pie humano. No podía estar seguro si el pie era de una mujer o de un niño, pero cerca de ahí había un poco de orina en el suelo y yo mojé mis dedos en la orina y como reacción a su olor sentí algo como concupiscencia carnal, lo que me convenció de que la huella era de un pie de mujer.

—Y yo pensé que la misma mujer estaba embarazada —dijo el tercer príncipe— porque había observado en la cercanía huellas de manos sugestivas de que una mujer, estando embarazada, se había ayudado a levantarse con sus manos después de orinar.

Las palabras de los tres príncipes inspiraron admiración infinita en el Emperador, de modo que sintió gran estima por su inteligencia y decidió favorecerlos y honrarlos como se merecían. De modo que dio órdenes de que se preparara para ellos uno de los mejores cuartos de su palacio imperial y les rogó que permanecieran ahí como sus huéspedes, insistiendo siempre en cuán grande era su admiración por su gran inteligencia.

Hasta aquí el fragmento del cuento a que se refiere Walpole en su carta. Espero que estén ustedes convencidos de que esto no es serendipia, ni tampoco chiripa. Los tres príncipes no estan buscando una cosa y, por accidente y gracias a su sagacidad, se encuentran otra; los tres príncipes están ejercitando, con tanta imaginación como buena suerte, el antiquísimo arte de la deducción; que son sagaces es indudable, pero el aspecto accidental de hallazgo, lo inesperado del encuentro, que es quizá el elemento fundamental de la serendipia, está ausente en este cuento.

La tercera pista de la carta de Walpole a Mann es lo que el primero llama: "... un cuento tonto llamado *Los Tres Príncipes de Serendipo*..." ¿De dónde salió este cuento? ¿Quién lo escribió? La respuesta a estas preguntas tiene el carácter de verdadera serendipia, pues buscando el origen y el autor del cuento, en forma accidental y con cierta sagacidad, nos hemos encontrado con algo completamente inesperado. Empecemos por refutar la tesis, sostenida por el diccionario Webster, extremadamente popular en países de habla sajona, que el cuento *Los Tres Príncipes de Serendipo*, lo escribió el propio Walpole. En su tantas veces mencionada carta Walpole dice: "Una vez leí un cuento tonto..." Si hubiera sido escrito por él, hubiera dicho: "Una vez escribí un cuento..." Un intelectual aristócrata y pedante como él nunca, pero nunca, hubiera dicho "tonto".

Estamos seguros, pues, de que Walpole leyó el cuento; además, podemos suponer que su lectura no era reciente en relación con su carta a Mann, en vista de que no recordaba bien el episodio que cita. No es fácil confundir una mula con un camello, a menos que se les contemple a través de la bruma del tiempo. Actualmente se sabe que Walpole poseía en 1763 una copia de la traducción del libro al francés por De Mailly, hecha en 1719 e impresa en Amsterdam en 1721. La más grande autoridad actual sobre Walpole, el doctor W. S. Lewis, editor de la edición definitiva de la correspondencia de Horacio Walpole, piensa que éste leyó *Los Tres Príncipes de Serendipo* cuando era niño, y que su recuerdo ya no era perfecto cuando escribió la famosa carta a Mann. Si el libro estaba en sus libreros en 1745, ¿por qué no lo consultó otra vez antes de citarlo? No lo sabemos, pero yo puedo emitir una hipótesis al respecto: he dicho antes que Walpole era un pedante, un aristócrata intelectual convencido de poseer La Verdad sobre todo lo que le interesaba.

Un sujeto así no se cuida de la exactitud de sus citas bibiliográficas, sino que más bien las usa como adorno a sus pronunciamientos. No son documentación sólida sino alegoría frívola, pequeños ornamentos a la majestad inapelable de sus juicios. En la misma famosa carta se felicita de poder encargarle a Thomas Gray la historia de la cortesana Bianca Capello, en un latín "corto y expresivo como el de Tácito", y la verdad es que el relato que el poeta finalmente hizo no tiene nada de poético y está muy lejos de aspirar a la perfección del gran lingüista romano, entre otras razones porque la historia es patética y además porque está escrito en inglés. Éste es el producto habitual de sumar lo que dicen los pedantes con el tiempo: promesas no cumplidas, vanaglorias desinfladas, la historia del *Famoso cohete*, de Oscar Wilde, contada de mil maneras diferentes. Mi impresión personal es que Walpole, al citar a *Los Tres Príncipes de Serendipo*, simplemente, como se dice en estos días, se estaba adornando.

Apenas si hemos dicho algo en relación con el origen del cuento *Los Tres Príncipes de Serendipo*. El libro apareció como tal por primera vez en 1555, publicado en Venecia por Michele Tramezzino con la fecha 1557; la diferencia de dos años se debe a que el Papa Julio III concedió el Imprimatur en 1555 pero el libro apareció dos años más tarde, lo que revela la etapa en que nos encontramos algunos países subdesarrollados, donde el manuscrito de un libro mío entregado a sus editores hace más de dos años aún no aparece, y la promesa actual es que tardará todavía un año más en aparecer. La situación no ha cambiado de la Venecia de 1555 al México de 1975, pero quizá 420 años es demasiado poco tiempo; habrá que esperar más.

El título del libro que aquí nos interesa fue: *Peregrinaggio di tre giovani figluoli del re di Serendippo; tradotto della lingua persiana in lingua italiana de M. Chirstoforo Armeno*. En castellano esto significa: Peregrinación de Tres Jóvenes Hijos del Rey de Serendipo; Traducido de la Lengua Persa a la Lengua Italiana por el señor Cristóforo de Armenia. Para nosotros, esto quiere decir nuevos problemas a dilucidar: traducido, ¿de qué libro o documentos?, ¿y quién es ese señor Cristóforo de Armenia?, ¿y como se pusieron en contacto Tramezzino y el Armenio? Quizá la pregunta de mayor interés histórico sería, ¿porque aceptó im-

PEREGRINAGGIO
DI TRE GIOVANI FI-
GLIVOLI DEL RE DI
SERENDIPPO,

PER OPRA DI M. CHRISTOFO-
RO Armeno dalla Persiana nell'Italiana lingua trapportato.

E' IL MIO FOGLIO

QVAL PIV FERMO

E' IL MIO PRESAGGIO.

SIBYLLA

Co'l Priuilegio del Sommo Pontefice, & dell'Illu-
striss. Senato Veneto per anni X.

7.4 Portada de la edición de 1557 del *Peregrinaggio*, publicada por Michéle Tramezzino (tomado de Remmer, ref. 1.4)

primir Tramezzino la traducción del señor Cristóforo de Armenia? En la actualidad se sabe que muchos de los cuentos inclui-

dos en este volumen no son de origen persa sino hindú, de modo
que si existió un manuscrito en idioma persa, seguramente que, a
su vez, era una recopilación de obras escritas en varios idiomas y,
por lo tanto, representantes de la tradición de otros países. El
estudio de las condiciones del mercado de libros en la Venecia
del siglo xvi puede ayudarnos a contestar algunas de las preguntas
que hemos hecho.

Durante el siglo xv una buena parte de los libros que se publicaron
fueron de romances, de caballería y de viajes, y esta situación
continuó durante el siglo xvi; la tendencia reflejaba el
gusto del público lector, para quien en esa época el mundo conocido
duplicó de pronto su tamaño y reveló países exóticos,
razas curiosas y costumbres verdaderamente fantásticas. Los impresores
venecianos del siglo xvi incluyeron en sus listas de títulos
muchos relatos de viajes y exploraciones, sobre todo de países
orientales y lejanos. Con el deseo de cultivar ese mercado y
explotar la moda, los impresores publicaban cada vez más libros,
en fiera competencia unos con otros; en vez de mejorar la calidad
y el estilo de sus libros, los impresores empezaron a competir
en precios, lo que trajo una disminución progresiva no sólo
del producto físico del impresor, o sea del libro mismo, sino
también de su contenido. Michele Tramezzino era un impresor
veneciano del siglo xvi registrado ante las autoridades y a sus
prensas se atribuyen más de doscientos títulos sobre los temas
más diversos: teología, historia, cirugía veterinaria, el arte de pelear
en duelos y, de mayor importancia para nuestro tema, gran
número de romances, muchos de ellos traducidos del castellano,
entre ellos el famoso *Amadis de Gaula*, que tanto apasionó a Mi
Señor Don Quijote. Precisamente en el año 1555 estaban llegando
a Venecia, desde Roma, las noticias de la introducción de la
fe cristiana en Sri Lanka, por el Santo Francisco Xavier, a partir
de 1552. Para los religiosos venecianos ésta era una gran noticia,
sobre todo porque Sri Lanka era una tierra lejana y misteriosa,
antes conocida como Traparto por los romanos y que Ptolomeo
menciona en su *Geografía* con el nombre de Taprobana; tenía
nombres todavía más exóticos, pero ninguno tan improbable y
tan fascinante como Serendipo. Algunos expertos en folklore
veneciano del Renacimiento se han tropezado con el libro de

Tramezzino y han buscado infructuosamente a Cristóforo de Armenia; el único sitio donde aparece es en la portada de *Los Tres Príncipes de Serendipo*. Tampoco se ha logrado identificar el manuscrito original del que se supone fue traducido por el Armenio, y Theodor Benfey, que tradujo por primera vez nuestro libro al alemán en 1865, fue el primero en sugerir que Cristóforo nunca existió. Casi todas las autoridades en serendipia aceptan que el verdadero autor fue nada menos que el propio Michele Tramezzino, quien con su agudo olfato de comerciante percibió un posible "best-seller" y puso manos a la obra.

Pero también se sabe que Tramezzino no inventó todos los cuentos; su labor fue más bien la de recopilador, pues casi todas las historias que aparecen en *Los Tres Príncipes de Serendipo* son antiguas leyendas orientales, sobre todo de origen hindú. La historia del camello tuerto aparece, según autores citados por Goodman,[6] en el *Talmud*, y también es conocida en Croacia, en Ucrania y en Corea (en este último país no se trata de un camello sino de una vaca). La misma historia aparece en una antología de narraciones tradicionales de rabinos, donde la carga es de vino y vinagre, en vez de mantequilla y miel.[7] Hasta Voltaire, en su famoso libro *Zadig*, hace que su filósofo sabio presente deducciones a partir de marcas en la arena; las deducciones son casi tan sorprendentes y exactas como las de los tres príncipes sobre el ya famoso camello. El enemigo sempiterno de Voltaire,

[6] A. Goodman, "Notes on the etymology of Serendipity and some related philological observations", *Modern Language Notes*, 76: 211, 1961.

[7] En la *Antología del Talmud* (introducción y traducción del Dr. David Romano) 1953, José Janés, Barcelona, pp. 310-311, aparece el siguiente fragmento: "Los rabinos han enseñado: Historia de dos hombres que fueron capturados en el Monte Carmelo y cuyo guardián paseaba detrás de ellos. El uno le dijo al otro: el camello que anda delante de nosotros le falta un ojo; está cargado con dos barriles, el uno lleno de vino y el otro de aceite. De los dos hombres que le conducen, uno es judío y el otro pagano.
"Gente de dura cerviz, les dijo el guardián, ¿cómo sabéis todo eso?
"Y ambos contestaron: el camello come la hierba (únicamente) del lado que puede ver; como no ve por el otro lado, no come la hierba. Lleva dos barriletes, uno lleno de vino y el otro de aceite. El vino gotea y se hunde en el suelo, mientras que el aceite también gotea, pero queda en la superficie del suelo. De los dos hombres que lo conducen, uno es judío y el otro pagano. El pagano atiende a su obligación en el centro del camino, mientras que el judío anda por un lado..." Agradezco a la Dra. Annie Pardo haberme llamado la atención a este fragmento, otro ejemplo más de lo que "no es serendipia".

Raynal Fréron, lo acusó en 1767 de haber plagiado la historia de la traducción francesa de *Los tres príncipes;* su artículo, que apareció en la revista llamada *El Año Literario*, vol. 1, p. 145, del año mencionado, se titula: "Plagios de M. de Voltaire; Otro Plagio", como si se tratara de uno más de una larga serie. Pero la historia era conocida en muchos países por gentes muy distintas, muchos años antes de que nacieran Fréron y Voltaire.

Resulta divertido seguir a los filólogos expertos en su detectivesca tarea de encontrar los orígenes de los cuentos recopilados por Tramezzino, quien a juzgar por lo recóndito de las fuentes descubiertas hasta ahora debe haber sido todo un conocedor de literatura folklórica persa e hindú. Existe un poema persa llamado "Las Siete Bellezas", escrito por Nizami, que tiene la misma estructura general de *Los tres príncipes*, en donde también aparece un Emperador Beramo. Un escritor ruso, Karasmin, cree que nuestro libro proviene de fuentes del siglo xiv, y señala la existencia de una traducción rusa, realizada en ese siglo pero aún inédita, como "prueba de su antigüedad". Pero no podemos continuar en esta divertida tarea y ahora debo referirme al último punto de esta plática que, contando con la generosa condescendencia de ustedes, tiene un ligero tinte autobiográfico. Me refiero a mi primer encuentro con la serendipia.

IV

En 1943 yo era un joven estudiante del primer año de la carrera de médico cirujano. Mis intereses, apenas iniciados por mi buen amigo Raúl Hernández Peón, eran definitivamente científicos y experimentales: los dos queríamos trabajar muy duro para llegar, algún día, a ser investigadores en Fisiología. En aquella época vino a México uno de los fisiólogos más grandes de nuestro siglo y dio unas conferencias en la antigua Escuela de Medicina, localizada frente a la plaza de Santo Domingo y alojada en el edificio que antes fue, entre otras cosas, sede de la Santa Inquisición. El fisiólogo que menciono era el doctor Walter B. Cannon, Profesor de Fisiología en la Universidad de Harvard, quien llegaba a México invitado por uno de sus más distinguidos alumnos y co-

7.5 Walter Bradford Cannon, profesor de Fisiología en la Escuela de Medicina de la Universidad Harvard

laboradores, el doctor Arturo Rosenblueth. Mi amigo Raúl y yo asistimos a sus conferencias como si se tratara de actos sacramentales y nosotros fuésemos un par de beatas. El doctor Cannon era un conferencista mediocre, con voz monótona y demasiado apegado a los hechos; tenía una dermatitis exfoliativa crónica en todo el cuerpo, producida por el exceso de radiación que había recibido durante sus estudios sobre el movimiento del tubo digestivo del perro, usando comidas radiopacas y un fluoroscopio primitivo, realizados en los primeros años de este siglo, cuando todavía no se conocían los efectos deletéreos de los rayos X. Esta dermatitis era pruriginosa y el doctor Cannon se rascaba continuamente por todas partes; su incesante rasquido era ya parte de su propio ser, de su esencia misma o, como quizá él hubiera dicho, de su homeostasis. El impacto que la presencia física del doctor Cannon tuvo sobre mí, pobre estudiante jovenzuelo de país supersubdesarrollado, fue tremendo; mi primera reacción fue empezar a rascarme por todas partes, como ciego reflejo que, hoy comprendo, era mi forma psicosomática de identificación. Por fortuna, también me sepulté en la biblioteca y leí todo lo que pude encontrar bajo su firma, lo que favoreció en mucho mi muy deficiente educación. Me quedó el hábito de leer todo lo que aparecía bajo su nombre, y esto es lo que tiene relevancia para la serendipia. Pero antes de relatarlo quisiera mencionar que en 1964, a los 21 años de mi primero y único encuentro con el doctor Cannon, pasé un año como Profesor Visitante de Patología en la Universidad de Harvard; entre mis obligaciones estaba la de dar una serie de conferencias a los estudiantes de medicina, y el primer día que me tocaba desempeñar esta función me volví a encontrar con el doctor Cannon. Debo aclarar que para entonces el doctor Cannon ya tenía varios años de haber fallecido, víctima al final de una leucemia producida por el exceso de radiación que había recibido más de 50 años antes.[8] Pero al entrar yo a la sala de clases donde iba a dictar la primera de la mencionada serie de conferencias, me sorprendió ver en una de las paredes laterales un gran retrato al óleo del doctor Cannon, seguramente pintado en la época en que había ido a México y por un buen retratista, ya que lo único que le faltaba para estar vivo era empezar a rascarse por todas partes. Vigilado (y ayudado) por la augusta figura de mi héroe científico, presenté mi plática a los estudiantes y tuve la satisfacción de no romper la antigua tradición harvardiana, que permite a los alumnos expresar su aprobación de un nuevo profesor, cuando ése es el caso, por medio de un aplauso al final de su primera clase. Estoy seguro de que se lo debo al doctor Cannon.

[8] J. C. Aub, S. B. Wolbach, B. J. Kennedy, y O. T. Bailey, "Mycosis fungoides followed for fourteen years", en *Arch. Path.*, *60:*535, 1955. Ésta es la descripción del padecimiento y los hallazgos de la autopsia del Dı. Walter B. Cannon.

Como yo leía todo lo que el doctor Cannon publicaba, en 1945 conseguí con grandes trabajos y mayores sacrificios económicos, una copia de su libro autobiográfico llamado *El camino de un investigador. Experiencias de un científico en la investigación médica*.[9] El capítulo vi de este fascinante documento se llama "Ganancias de la Serendipia". Naturalmente, yo no tenía la menor idea de lo que esta curiosa palabra pudiera querer decir, pero en el primer párrafo de su capítulo Cannon señala que: ". . . Cuando mencioné serendipia a uno de mis amigos y le pedí que adivinara su significado, me dijo que probablemente se refería a un estado mental que combina serenidad y estupidez — una adivinanza ingeniosa, pero errónea". He leído el libro de Cannon muchas veces; me conquista y convence su adorable honestidad y sencillez de puritano, su formidable inteligencia y buena suerte, su indiscutible posición de Gran Maestro de la Serendipia. Pero cuando leía el capítulo vi de su libro por primera vez, yo estaba en una estado de inocencia acerca del término casi comparable al de muchos de ustedes hoy, antes de resignarse a escuchar esta ya demasiado larga plática.

Cannon señala dos ejemplos para ilustrar el significado de la palabra serendipia: el primero está dirigido a lectores de la Biblia y se refiere a Saúl, hijo de Kish, quien fue a buscar los asnos de su padre, que estaban perdidos. Descorazonado al no poder encontrarlos consultó a Samuel, el profeta, quien le dijo que no pensara en los asnos porque ya habían sido hallados, pero que supiera que había sido elegido para gobernar todas las tribus de Israel; esto se anunció, y la gente vociferó su aprobación. Cannon dice: "Así fue que el modesto Saúl, que salió a buscar unos asnos perdidos, recibió en recompensa un reino. Éste es el ejemplo más antiguo de serendipia que conozco". Quizá algunos de ustedes estarán de acuerdo conmigo en que difícilmente se podría considerar éste como un buen ejemplo de serendipia. Saúl no buscaba el reino sino unos burros, su consulta con Samuel tenía como propósito obtener información sobre este problema y en

---

[9] W. B. Cannon, *The way of an investigator. A scientist's experiences in medical research*, Nueva York, Haffner Publishing Co., 1965. Ésta es una edición facsimilar de la orignal (publicada en 1945), que perdí por haber cometido la tontería de prestarla. ¡Nunca más. . . !

THE WAY OF AN INVESTIGATOR

A Scientist's Experiences in Medical Research

By

WALTER BRADFORD CANNON, M.D.

George Higginson Professor of Physiology, Emeritus
Harvard University Medical School

(Facsimile of 1945 edition)

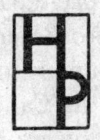

HAFNER PUBLISHING COMPANY
New York and London
1 9 6 5

7.6 Portada del libro de Cannon, publicado originalmente en 1945

su lugar obtuvo otra, completamente inesperada. Esto cumple con el criterio de "accidental" pero, ¿dónde está la "sagacidad"?

CHAPTER VI

GAINS FROM SERENDIPITY

In 1754 Horace Walpole, in a chatty letter to his friend Horace Mann, proposed adding a new word to our vocabulary, "serendipity." The word looks as if it might be of Latin origin. It is rarely used. It is not found in the abridged dictionaries. When I mentioned serendipity to one of my acquaintances and asked him if he could guess the meaning, he suggested that it probably designated a mental state combining serenity and stupidity —an ingenious guess, but erroneous.

Walpole's proposal was based upon his reading of a fairy tale entitled *The Three Princes of Serendip*. Serendip, I may interject, was the ancient name of Ceylon. "As their highnesses traveled," so Walpole wrote, "they were always making discoveries,

7.7 Parte del capítulo VI del libro de Cannon, donde discute "Ganancias de la Serendipia"

Quizá, por no estar en completo desacuerdo con Cannon, yo podría sugerir que Saúl era un sujeto modesto, sencillo y honesto, y que estas cualidades lo capacitaban para regir los destinos de todas las tribus de Israel. Pero tal sugestión me deja un sabor de boca peculiar, como el de una moneda de 15 centavos. . . En cambio, el segundo ejemplo de Cannon es formidable, y lo mejor es dejar que lo relate con sus propias palabras:

Quizá el ejemplo más sorprendente de descubrimiento accidental en toda la historia, antigua o moderna, fue el hallazgo del hemisferio occidental por Colón. Él zarpó de España convencido firmemente de que si viajaba hacia el Occidente encontraría un camino más corto a las Indias Orientales; en forma inesperada, encontró un Nuevo Mundo. Debe señalarse que no se dio cuenta de la importancia de lo que había hallado; de hecho, se ha dicho que Colón no sabía a dónde iba, ni dónde estaba cuando llegó, ni dónde había estado cuando regresó, pero de todas maneras él llevó a cabo la aventura más singular de todos los tiempos. Se dio cuenta de que había tenido una experiencia extraordinaria y, aplicando el conocimiento de lo que Colón hizo, se señaló el camino que podían seguir otros. Tales consecuencias han sido habituales cuando el accidente ha sido favorable a alguien ocupado en una búqueda y la empresa ha sido fructífera.

Aquí sí se cumplen los tres postulados fundamentales de la serendipia, que son: 1] hallazgo accidental, 2] debido a la sagacidad del involucrado, 3] que estaba buscando otra cosa. Que el descubrimiento de América fue accidental es una de las pocas cosas en las que están de acuerdo sus múltiples estudiosos; del hecho histórico que Colón poseía la sagacidad (léase preparación, conocimientos, intuición, malicia) para percibir que el fenómeno inesperado era importante, es una postura que no podría llamar unánime pero sí general; que Colón estaba buscando otra cosa, hasta los Reyes Católicos lo creían.

Cannon menciona otros ejemplos: los descubrimientos de la contracción muscular inducida por corriente eléctrica por Galvani, de la generación de electricidad por contacto de dos diferentes metales por Volta, de la regulación vasomotora por el sistema nervioso por Bernard, de la anafilaxia por Richet, de la relación entre el páncreas y la diabetes por Von Mering y Minkowski (o más bien por el ayudante de laboratorio que observó la acumulación de moscas en la orina del perro pancreatectomizado), de la vitamina K por Dam, de la invención de la dinamita por Nobel, etc. En todos estos ejemplos el elemento accidental predomina sobre la sagacidad, aunque ésta nunca falta en la forma de una mente preparada y alerta para captar la importancia de la observación inesperada, del hallazgo de algo que no se estaba buscando. Por otro lado, Cannon también menciona tres ejemplos donde la mente preparada prevalece sobre el carácter accidental del descubrimiento: el principio de Arquímedes de la gravedad específica, a quien según la leyenda se le ocurrió al observar el desplazamiento del agua cuando se sumergía en su tina de baño; el concepto de la fuerza gravitacional universal de Newton, a quien de acuerdo con la anécdota apócrifa se le hizo claro al ver caer una famosa manzana (casi tan famosa como La Otra): la máquina de vapor, inventada repentinamente por Watt al observar el levantamiento periódico de la tapa de una tetera por la presión del vapor dentro de ella. Cannon señala:

Muchos hombres flotaron en el agua antes que Arquímedes; las manzanas se han caído de los árboles desde la época del Jardín del Edén (la fecha exacta se desconoce), y la presión del vapor contra la resistencia podía haberse observado desde el descubrimiento del fuego y su uso debajo de una olla con agua tapada. En los tres casos, transcurrieron siglos antes de que se percibiera la importancia de estos eventos. Es obvio que un descubrimiento accidental requiere tanto el fenómero que va a ser observado como un observador apreciativo.

Cuando Cannon escribió su libro, la penicilina ya era una droga de aplicación general y el famoso ejemplo de su descubrimiento por Fleming también fue incluido. Personalmente, pienso que esto fue más bien chiripa que serendipia, pero prefiero dejar a cada uno de ustedes hacer su propia conclusión al respecto; me limitaré a decir que Fleming no sólo era un espléndido bacteriólogo y un cuidadoso observador, sino que también estaba buscando sustancias que inhibieran el crecimiento bacteriano. La contaminación de sus cultivos de estafilococo por el hongo *Penicillium notatum* fue un accidente y Fleming poseía toda la sagacidad necesaria para notarlo y perseguirlo, pero eso era precisamente lo que Fleming buscaba. Cannon también menciona la característica frase de Pasteur: "En los campos de la observación, el azar sólo favorece a los espíritus preparados."

Cerca del final de su capítulo vi, Cannon se expresa con elocuencia:

Otra implicación de la frase de Pasteur, que el azar favorece a la mente preparada, es la importancia de evitar la adherencia rígida a ideas fijas. Es natural que la inteligencia no aventurada encuentre una seguridad cómoda y hasta cierta serenidad en un grupo de opiniones convencionales que han sido satisfactoriamente prearregladas. Lo raro se elimina rápidamente porque no cabe dentro de un plan establecido. Para aquellos que viven de acuerdo con un patrón, las aventuras de las ideas son imposibles. Pero la verdad es que vivimos en un mundo que no está establecido, que no es estacionario, que no se ha inmovilizado finalmente. Nos presenta todo tipo de posibilidades de combinaciones y reajustes novedosos y sin precedentes. Por lo tanto, la sabiduría aconseja mantener nuestras mentes abiertas y receptivas, hospitalarias a las nuevas visiones y a los avances más recientes.

Erramos al rechazar los aspectos extraordinarios de la experiencia como indignos de atención; pudieran ser los tímidos principios de avenidas que conducen a alturas inexploradas del progreso humano. . .

¿Se imaginan ustedes el impacto de estas inspiradas frases, escritas por un gran científico, en un joven estudiante de medicina de hace 30 años, cuando nuestro México ni siquiera se había perfeccionado, como hoy, en el subdesarrollo? Para mí, la serendipia fue como una marca de fábrica, como un grito de batalla, como el pelo largo y los "blue Jeans" fueron para la generación de mis hijos. Alcanzar el éxito en el trabajo científico, en la investigación biomédica, a través de años de labor ardua y consciente, dirigida en forma inalterable hacia una meta específica y siempre a la vista, parecía ser una forma satisfactoria de invertir la vida. Pero triunfar por uno o más episodios de serendipia era como haber penetrado en un mundo mágico, como disfrutar de la realidad regida por la razón y, además, de otro universo, localizado en dimensiones indefinidas y gobernado por mecanismos irracionales, ilógicos e imposibles, pero al final, deliciosamente reales. Era como correr detrás del inalcanzable Pájaro Azul, ¡y alcanzarlo! ; era intentar la imposible conquista del paraíso infinito que se encuentra del otro lado del Arco Iris, ¡y conquistarlo! En pocas palabras, era lograr conferir a esta humana existencia terrenal, ciega e irrelevante, un sentido no de trascendencia pero sí de dignidad, no de grandeza wagneriana pero sí de ingenua y bondadosa relación con nuestros semejantes. La serendipia era la llave para lograr todo esto y muchas cosas más; para, con Russell, ". . . eliminar todas las aspiraciones de nuestros deseos temporales, para arder con pasión por las cosas eternas. . . "[10] y emanciparnos de la dictadura de la denigrante realidad cotidiana, de la esclavitud a la moda y a la escala vigente de valores, de la necesidad falsamente imperiosa de igualar las ambiciones más preciosas de nuestro ser más íntimo con las sancionadas oficialmente por la sociedad, a la que por un decreto accidental e incontrolable del Destino, nos ha tocado pertenecer como individuos. Todo esto fue, y sigue siendo, la serendipia para mí.

[10] B. Russell, "A free man's worship", en *Mysticism and logic*, Londres Penguin Books, 1953, pp. 50-59.

V

A estas alturas, muchos de ustedes se estarán preguntando, ¿qué tiene que ver todo esto con el doctor Ridaura? La pregunta es buena, y sugiero que cada uno de ustedes trate de contestarla a su manera; por lo que a mi respecta, la respuesta es bien clara: yo descubrí al doctor Ridaura por serendipia, o sea que el conocerlo fue un feliz accidente, donde me felicito de haber ejercido al máximo toda la sagacidad (mucha o poca) que me concede mi genoma, cuando yo buscaba otra cosa completamente distinta. Resulta que mi primer contacto con la familia Ridaura fue a través de mi buen amigo, el doctor Alberto Romo Caballero; hace algunos años me escribió si yo podría recibir en mi laboratorio de Patología (entonces yo trabajaba en el Hospital General de la SSA) a un residente suyo que deseaba ampliar su educación en la especialidad. Naturalmente, yo dije que sí (siempre digo que sí) y poco tiempo después llegó el residente: era la doctora Cecilia Ridaura. No voy a relatarles todas las peripecias que me llevaron desde Cecilia hasta Don Vicente, pero sí quiero asegurarles que, más tarde que temprano, logré establecer contacto con él. Éste fue el acto más puro de serendipia que he experimentado en mi vida; completamente accidental, resultó en el hallazgo de algo inesperado en lo absoluto; en vez de un personaje investido de altas preseas académicas, pomposo y lleno de sí mismo, me encontré con un imposible injerto de Don Quijote y Federico García Lorca, mezcla feliz de una caballerosidad irreal y profunda con un temperamento idealista irredento, romántico y anacrónico, que en pleno siglo xx todavía cultiva el don mágico de la enseñanza con destellos completamente improbables de ternura e inocencia, a sus ya más de 35 años de edad. Festejar a Don Vicente es algo que a todos nos honra y nos enaltece, porque nos hace partícipes, en cierta pequeña pero muy significativa medida, de sus muchas virtudes y cualidades; de alguna manera, todos los que estamos tomando parte en este homenaje estamos aprovechándonos, una vez más, de la inagotable y generosa fuente de bondades que es el doctor Ridaura.

VI

Mi propósito ha sido contribuir, en la medida de mis posibilidades, a este homenaje a Vicente Ridaura. Mi intención ha sido buena pero no puedo ser juez de sus resultados. Cuando un miembro de esa querida familia Ridaura se enteró que se estaba tramando invitarme, corrió a pedirme que no aceptara; mi amigo no alcanzaba a ver cómo podía justificarse la invitación y, conociendo mis limitaciones de tiempo, quería facilitarme una negativa elegante. Pero este querido amigo mío es también un excelente investigador científico y, probablemente sintiendo que la decisión final debería incluir mis propios puntos de vista, me planteó la siguiente pregunta: "Si usted acepta la invitación, ¿cómo la justificaría?" Mi respuesta debe haberle convencido de que la invitación era legítima, porque al fin de cuentas la invitación se produjo. Mi respuesta, que es el final definitivo de todo esto, fue la siguiente: "Mi querido Carlos, haciendo a un lado el cariño que siento por todos los Ridaura, que para mí es justificación suficiente, debo decirle que Don Vicente representa todo aquello por lo que yo he vivido y he trabajado. Si me pidieran que participara en el homenaje a un pájaro gordo de la vida político-académica de México, o que formara parte del cortejo de aduladores que generalmente rodea a los que definen el triunfo como una cuenta de banco hipertrófica o una lista interminable de puestos oficiales, encontraría miles de fáciles excusas para ausentarme. Como usted nunca me pediría algo indigno, la situación es doblemente teórica. Pero participar en un homenaje a Vicente Ridaura, un héroe genuino de las virtudes humanas que yo considero más elevadas, un Hombre-Honesto-Consigo-Mismo, un Maestro, es algo que no pienso perderme porque, dicho sea con humano egoísmo, me ennoblece y me purifica de muchos de mis pecados, que mucha falta me hace." Éstas son las verdaderas razones por las que estoy aquí, por las que he consumido una parte abusiva del tiempo de todos ustedes; usando la justificada excusa de la serendipia, he intentado expresar a Vicente Ridaura que el ejemplo de su vida no se limita a ustedes, los afortunados que han sido y continúan siendo sus alumnos, ni a sus hijos carnales y políticos, ni a sus numerosos y encantadores nietos (uno de los cuales se llama Ruy), sino que trasciende las fronteras temporales y espaciales y nos alcanza a todos aquellos que creemos en sus mismos valores y vivimos (o hemos tratado de vivir) de acuerdo con nuestras convicciones.

SEGUNDA PARTE

8. UN RASHOMON MEXICANO[1]

I

La invitación a participar en esta Mesa Redonda, que recibí telefónicamente hace casi un año y que agradezco a mi amigo Luis Cañedo, incluía la solicitud de que, faltando un mes para llevarse a cabo, entregara un pequeño resumen de mis comentarios para distribuirse entre los diferentes ponentes y evitar así las repeticiones inútiles. Hace poco más de un mes envié a Luis Cañedo mi resumen, pero creo haber sido el único de los participantes que lo hizo porque no recibí copias de los correspondientes a los demás personajes que hemos escuchado en esta Mesa. De modo que he preparado lo que voy a decirles sin saber de qué iban a hablar mis colegas; sin embargo, como ya he participado en otras reuniones de este tipo, y además he discutido muchas veces con algunos de los ponentes varios de los problemas que se incluyen en el título de esta Mesa Redonda, hace unos días preparé una lista de los temas que seguramente iban a ser mencionados por uno o más de los que me han precedido en la palabra (cuadro 8.1). Como ustedes ven, no me he equivocado. Pero al terminar de hacer la lista me di cuenta de que casi agota todo lo que yo podría decir sobre la investigación biomédica en México. Decidí entonces pedirle a Luis Cañedo que me programara al último, arriesgando encontrarme frente a un público ya cansado, algo impaciente y hasta listo para distraerse en cuanto escuchara mis reiteraciones de cosas ya dichas, seguramente mucho mejor de lo que yo podría hacerlo.

Les ruego que esta lista la consideren como todo aquello de lo que *no* voy a hablar; yo voy a referirme a lo único que queda,

[1] Presentado como parte de la Mesa Redonda "Perspectivas de la Investigación Biomédica en México", realizada en febrero de 1977. Algunas de las caricaturas fueron adaptadas del libro *Cartones de Abel Quezada*, de ese maravilloso humorista y monero mexicano, sin su consentimiento.

CUADRO 8.1

ALTERNATIVAS DE LA INVESTIGACIÓN BIOMÉDICA EN MÉXICO
(temario probable)

Enajenación de los Investigadores Biomédicos
Prioridades en la Investigación Biomédica
Problemas Nacionales de Salud
Apoyo Económico a la Investigación
Ciencia y Tecnología en Biomedicina
CONACyT, PNCB y PRONALSA
Papel de la Secretaría de Salubridad
Papel de la Medicina Socializada
Papel de las Instituciones de Enseñanza
Ciencia "Básica" y Ciencia "Aplicada"
Formación de Recursos Humanos
Problemas de Importación de Equipo y Materiales
Incomprensión de las Autoridades
Incomprensión de los Investigadores
Incomprensión del Público
Incomprensión de los Industriales
Fuga de Cerebros
Oportunidades en la Investigación Biomédica
Ética de la Investigación Biomédica
Compañías Farmacéuticas Transnacionales

y que representa un intento de explicar por qué existen las diferencias de opiniones que ustedes han escuchado de los demás ponentes. En otras palabras, ¿cómo es posible que un grupo de individuos cultos, inteligentes y bien intencionados, opinen de manera tan distinta sobre las perspectivas de la investigación biomédica en México? Voy a intentar responder a esta pregunta y si me alcanza el tiempo, terminaré mis palabras contándoles una pesadilla que tuve recientemente y que considero relacionada con el mismo problema.

Seguramente muchos de ustedes recordarán la película japonesa que se llamó *Rashomon*, y que es la versión cinematográfica de un cuento del mismo origen, atribuido a un autor anónimo del siglo XVII. En la película (y en el cuento) se presentan 5 versiones diferentes de un mismo episodio, cada una de ellas relatada por uno de los participantes. El mensaje de la película (y del cuento) es bien obvio; la Verdad no existe, los llamados hechos están teñidos con las emociones, filtrados por los sentidos y reconstruidos por los intereses de los observadores. La sabiduría oriental se adelantó otra vez a la ciencia occidental, ya que lo anterior representa una versión, quizá menos exacta pero mucho más poética, del principio de la incertidumbre de Heisenberg. Lo que yo quiero decirles es que las diferentes opiniones que hemos escuchado sobre las perspectivas de la investigación biomédica en México pueden explicarse porque están expresadas por individuos interesados y honestos, pero con distintas visiones conceptuales del problema. Un análisis simplista de la situación permite distinguir 4 actores principales en esta nueva copia de *Rashomon*: el Investigador Científico, el Administrador de la

8.1 Los 4 Personajes de este capítulo. *A*, el Investigador Científico; *B*, el Administrador de la Ciencia; *C*, el Economista Razonable; *D*, el Político de Altura

Ciencia, el Economista Razonable, y el Político de Altura. Cada uno de ellos tiene sus ideas muy personales y muy respetables de los elementos que participan en la investigación biomédica en México, que otra vez de manera simplista podemos enlistar como sigue: la Naturaleza y Función de la Ciencia, el Apoyo Económico a la Investigación Científica, las Relaciones entre la Ciencia y la Tecnología, los Problemas Nacionales de Salud, las Prioridades de la Ciencia en México, el Programa Nacional de Investigación Científica, y seguramente otros muchos que por razones de tiempo no mencionaré ahora. ¿Cuál es el concepto que cada uno de los actores tiene de los otros 3, así como de los distintos elementos que influyen en la investigación biomédica en México? Para no aburrirlos con pura palabrería he preparado unas cuantas diapositivas que pretenden facilitar mi exposición y aliviarles un poco el tedio; advierto que son caricaturas pero que no están hechas con mala intención. Cualquier semejanza con personajes vivos o muertos es pura coincidencia...

Veamos primero al Político de Altura. Auxiliado por el Eco-

8.2 Un mecanismo habitual de dirigir la ciencia

nomista Razonable, que es un individuo muy conocedor de presupuestos, deudas públicas, cálculos de costo-beneficio y análisis de eficiencia y optimización de recursos, imagina que la investigación científica biomédica es un mecanismo adecuado para resolver los Problemas Nacionales de Salud. Pide entonces a los Administradores de la Ciencia que le presenten una lista de estos Problemas, los transforma en Prioridades, y señala a Los

8.3 La lista de Problemas Nacionales varía según el sexenio

Investigadores Científicos que éstas son las áreas en que debe trabajarse para el bien de México. En sus ojos, el Investigador Científico es un sujeto aislado de la realidad, obsesionado por resolver pequeños crucigramas inútiles o, en el mejor de los casos, relacionados con la moda científica internacional del momento; esta oveja descarriada debe regresar a su redil, incorpo-

8.4 El Investigador Científico en su situación habitual

rarse al esfuerzo que el país necesita para progresar, aliarse para la producción. La solución somos todos.

¿Cómo ve las cosas el Economista Razonable? No muy diferentes, aunque quizá con mayor énfasis en la necesidad de establecer Prioridades, ya que su preocupación central es que el dinero es poco y los problemas muchos. "Ni en los países superdesarrollados —nos dice en tono conciliador— los fondos para la investigación científica son infinitos. Allá se establecen programas, derivados directamente del estudio concienzudo de los problemas..." Si el Investigador Científico trata de señalarle, con timidez, que la conquista de la Luna obedeció a razones estrictamente políticas, que lo mismo puede decirse de la lucha contra el cáncer, y que la limitación de los programas de investigación no es económica sino de calidad científica, el Economista Razonable lo interrumpe amable pero firmemente y continúa: "Además, ustedes deben entender que la ciencia la paga el pueblo y éste exige resultados, alivio para sus males, solución a sus problemas de salud. Vamos, déjense de juegos esotéricos con mitocondrias y sinapsis y pónganse a trabajar en tifoidea o en paludismo..." El Economista Razonable ve al Administrador Científico con menos sospechas que al Investigador, en vista de que aquél sí entiende de números, de partidas, de insumos y de producción; sin embargo, cuando el Administrador Científico habla de ciencia "básica" o "pura", el Economista Razonable siente escalofríos y malestar epigástrico, respira hondo y se dice

8.5 La posición del Economista Razonable (visto por el Investigador Científico)

a sí mismo que son resabios de los tiempos en que el Administrador Científico era Investigador...

8.6 Igual que la figura 8.5

En cambio, el Administrador Científico ve las cosas de manera muy diferente. Para él, el Político de Altura necesita ser educado en la Naturaleza y las Funciones de la Ciencia, que obviamente desconoce. La Investigación Científica no es una Caja Negra Maravillosa a la que por un lado se le mete dinero, se le dan vueltas a una manija y por el otro lado salen las soluciones a los Problemas Nacionales de Salud. El Político de Altura debe aprender a distinguir entre los problemas de salud y los problemas de investigación en salud en México. El Economista Razonable también necesita educación, no sólo en lo que es la Ciencia sino también en lo que es la Tecnología; alguien debe decirle que la Ciencia es lo que hay que hacer para saber, mientras la Tecnología es lo que hay que saber para hacer.

En cuanto al Investigador Científico, haría bien en inventar proyectos que no produjeran tantos dolores de cabeza para conseguir fondos, o a formular los que le interesan de manera que sean atractivos al Economista Razonable y al Político de Altura. ¿Acaso no un famoso astrónomo mexicano decidió una vez someter un proyecto de investigación sobre la Luna, alegando que cabía dentro del Programa de Desarrollo de Zonas Áridas? Algunos Administradores de la Ciencia sufren una metamorfosis peligrosa cuando adquieren tan honroso cargo; como Beckett, transforman a su función en un fin en sí misma y no como lo que realmente es (o debería ser): un medio poderoso de apoyo y promoción de la Ciencia. Uno de los síntomas de esta enfermedad es que empiezan a hablar de "su" programa, a contemplar a los investigadores como "sus muchachos", a considerar las conferencias, publicaciones y resultados de los científicos como consecuencia directa de "su" trabajo e influencia. Otro síntoma es cuando empiezan a bombardear a los investigadores con cuestionarios, solicitudes de informes, facturas por sextuplicado, asistencia a reuniones interminables sobre problemas administrativos, etcétera.

8.7 Imagen de algún Administrador de la Ciencia

¿Y el investigador Científico? ¿Cómo ve este personaje a los demás miembros del reparto de este *Rashomon* criollo? ¿Qué piensa de los elementos que participan en la investigación biomédica en México? Todos ustedes ya conocen o han adivinado fácilmente mi deformación profesional: no soy Político de Altura, Economista Razonable o Administrador Científico. Lo único que queda es lo que creo ser, o por lo menos he intentado serlo durante toda mi vida profesional. La mejor medida de mi éxito es que desde hace muchos años y hasta la fecha, mi cheque quincenal me identifica con esa palabra mágica: Investigador. Con esta credencial incontestable, y con la experiencia derivada de muchas conversaciones con amigos investigadores a través de 30 años de trabajo, me permito exponer mi punto de vista: el Investigador Científico piensa que ninguno de los otros actores de esta comedia sabe absolutamente nada de lo que es la Ciencia, su Naturaleza y sus Funciones, los criterios o hasta la justificación de Prioridades, la Política Nacional de la Investigación Científica, etc. El Investigador piensa que la maquinaria burocrática construida usando a su actividad profesional como cimientos es un epifenómeno excesivo, costoso e inoperante, que aumenta en lugar de disminuir los problemas que deben resolverse para hacer buena ciencia en México, y casi nunca tiene ninguna relación con lo que él está haciendo. Su imagen de la Utopía científica es un cuarto en su laboratorio completamente lleno, desde el piso hasta el techo, de billetes de la más alta denominación (en dólares, sueñan los más ilusos) que conforme se gastan por una puerta se rellenan por otra; un sistema de importación de equipo científico y sustancias químicas que permita la adquisición inmediata y sin trabas (los ilusos sueñan hasta con facilidades especiales) de todo lo que se necesita para llevar a cabo las investigaciones; una comunidad de administradores, economistas y políticos atenta a sus necesidades y que compite en comprensión, simpatía y entusiasmo por su trabajo. Ustedes estarán pensando, obviamente, que ésta es la imagen menos apegada a la realidad, pero si la despojamos de sus aspectos más grotescamente caricaturescos, distinguiremos dos componentes bien definidos: la opinión del Investigador Científico de su realidad actual, y sus sueños de lo que debería ser. Lo que nos irrita es la ignorancia de los demás personajes de la comedia sobre la Naturaleza y Funciones de la Ciencia; lo demás son ilusiones.

Aquí termina mi versión de *Rashomon*. Como el anónimo cuentista japonés, yo también creo que la realidad debe ser la suma algebraica de todas las versiones, aunque no me atrevo a ponerle signos a cada una de ellas. Aunque ignoro el resultado de la operación matemática, estoy convencido de que es mucho más complejo que cualquiera de sus componentes, y que si persistimos en ignorar su complejidad, todos saldremos perdiendo. Pero recordemos que empecé mis comentarios prometiendo in-

Definición de investigador optimista: Sujeto que no ha oído hablar de la devaluación, la inflación, los importadores, las aduanas y los permisos, la administración de los presupuestos, y los nuevos cuestionarios que deben llenarse...

8.8 El Investigador Científico en un momento de expansión

tentar contestar una pregunta, que era: ¿cómo es posible que un grupo de individuos cultos, inteligentes y bien intencionados, opinen de manera tan distinta sobre las perspectivas de la investigación biomédica en México? Mi respuesta es que es posible porque se trata de opiniones parciales, basadas en una imagen personal e incompleta de la realidad. El valor de este tipo de Mesas Redondas es que nos obligan a todos a considerar los puntos de vista de los demás, a analizarlos, a tratar de comprenderlos y (espero) a incorporarlos en nuestras visiones parciales del problema. Si por lo menos algunos de los aquí presentes, al terminar esta Mesa Redonda, sale del auditorio con la idea de que las perspectivas de la investigación biomédica en México dependen de la integración de diversos puntos de vista, de que los participantes seamos capaces de escucharnos con atención y respeto, de que las decisiones tomen en cuenta experiencias y conocimientos diferentes, y sobre todo, de que nadie posee la exclusiva de la Verdad o la patente de la Razón, algo se habrá ganado. No olvidemos, la solución somos todos.

Para terminar, brevemente, les contaré la pesadilla prometida. Me veo como un investigador científico biomédico en un país que no identificaré para evitar represalias, pero que está muy lejos de Dios y muy cerca de los Estados Unidos de Norteamérica; otro dato (para que vean que es una verdadera pesadilla) es que en este país cada vez que cambia el gobierno (lo que ocurre cada 6 años) todo tiene que empezar otra vez casi desde el principio, lo que parece un precio un poco caro para justificar el lema oficial: "Sufragio Efectivo, No Reelección." Sin embargo, la situación del país al final de cada sexenio es tal que se justificaría llamarlo Fénix (en lugar de su verdadero nombre, que no revelaré ni bajo tortura) por su semejanza con la famosa ave mitológica. En mi pesadilla se inicia un nuevo sexenio y yo camino por una ancha avenida llena de automóviles en el sur de la ciudad; mi máscara anti-smog me estorba un poco (el modelo que traigo puesto no se adapta a la barba, porque cuando salí del laboratorio con prisa no me di cuenta de que había tomado el de mi secretaria). Tuve la suerte de poder estacionar mi coche sólo 15

8.9 Una Pesadilla

cuadras atrás de mi destino, lo que me permitirá llegar a él sólo 45 minutos tarde. Mi destino (recuerden que es una pesadilla) es el NOHAYDINERyT, una institución oficial encargada de apoyar y promover la Ciencia y la Tecnología, que hace muchísimos años se llamaba de otro modo, que ya he olvidado. Mi función es entrevistarme con el Director de NOHAYDINERyT y tratar de convencerlo de que la ciencia es una actividad creativa, cuya función es estudiar la Naturaleza y cuyo producto es el conocimiento. La entrevista me fue conseguida por el Administrador Científico de mi (o su) programa, y aquí quiero expresar mi gratitud indeleble por su (o mi) interés en el asunto. Todavía resuenan en mis oídos, por encima del estruendo de los cláxons y los gritos de los peatones moribundos, atropellados por la masa incontenible de automóviles y camiones, sus generosas palabras de despedida: "Te deseo buena suerte. Ojalá te reciba. No te pongas agresivo. Quítate la máscara anti-smog antes de besarle el zapato. No te olvides que tú no eres más que un Investigador Científico..." Eliminé el adjetivo que, no sin afecto, mi Administrador Científico usó para calificar mi ínfima categoría dentro del Gran Sistema Estratificado del NOHAYDINERyT, en vista de que la compañía es mixta. Al llegar a las puertas de mármol del edificio, me encuentro con una muchedumbre tumultuosa de Economistas Razonables que tratan de llegar a ellas. Se escuchan gritos de: "Prioridades", "Problemas Nacionales", "Presupuesto", "Campesinos", "Chamizal", y otros que no identifico. Pisoteado, empujado, apretujado, maldecido, estoy casi por llegar a la puerta cuando cunde la noticia: "El director de NOHAYDINERyT no está. Tuvo que salir a Ginebra, acompañado por 67 de sus colaboradores más cercanos..." Dos horas más tarde he regresado a mi coche, oprimo el botón que dice "oxígeno, 95%", me quito la máscara anti-smog, y mientras pienso en que ya le debo $ 750 000.00 pesos a mi institución en adelantos para llevar a cabo mis estudios experimentales sobre cirrosis hepática, enciendo el auto con la esperanza de llegar a mi laboratorio antes de las 8:00 de la noche...

9. LA INVESTIGACIÓN BIOMÉDICA EN MÉXICO: ESPEJISMOS Y REALIDADES[1]

Durante los tres últimos años del sexenio pasado tuve el privilegio de participar, junto con un grupo de distinguidos colegas investigadores, en la elaboración de una parte del Plan Indicativo de Ciencia y Tecnología. El trabajo fue coordinado para el CONACyT por Miguel Wionczek y un grupo de colaboradores; el volumen, de 376 páginas, se entregó en los últimos días del régimen del presidente Echeverría. Desde las primeras pláticas que tuvimos los coordinadores de los grupos de trabajo con las autoridades del CONACyT nos dimos cuenta de que la filosofía oficial era claramente pragmática; en otras palabras, se tenía un concepto utilitario y desarrollista de la ciencia que, al mismo tiempo que subrayaba y promovía sus aspectos aplicativos, minimizaba sus contribuciones al conocimiento, a la educación y a la cultura. Temerosos de que tal orientación prevaleciera en la versión final del mencionado Plan Nacional, los investigadores de los grupos de trabajo sobre Ciencias Biológicas y Ciencias Físico-Matemáticas hicimos una campaña para convencer a las autoridades del CONACyT de que la postura puramente aplicativa restringía el desarrollo de la ciencia y podría resultar contraproducente hasta para sus propios objetivos. Con satisfacción puedo decir que fuimos escuchados y que la versión definitiva del Plan tenía un carácter mucho menos pragmático que la inicial. Sin embargo, y como pasa frecuentemente en México, tanto nuestro trabajo como el de las autoridades del CONACyT no sirvió para nada pues el Plan fue archivado por el nuevo régimen y, a pesar de tibias promesas, no ha vuelto a ser consultado por nadie.

Ya dentro del sexenio actual, CONACyT respondió a una solicitud del presidente López Portillo y elaboró un nuevo Plan

[1] Publicado en *Nexos*, 6: 11-13, 1978.

Nacional de la Investigación Científica, en el que también tuve oportunidad de participar. Otra vez me percaté de la insistencia en aspectos aplicativos y de la decisión de las autoridades de apoyar solamente aquellos proyectos de investigación que formularan objetivos a corto plazo y relacionados con problemas "prioritarios". Por fortuna, el nuevo Plan Nacional se estructuró con tal premura que no hubo tiempo de discutir las contribuciones individuales y la mía, relacionada con la investigación biomédica, formó parte del documento sin sufrir ninguna modificación. Pero otra vez no parece haber servido para nada porque el presupuesto finalmente autorizado para CONACyT este año no parece tener ninguna relación con los argumentos expuestos y las cifras solicitadas.

Relato lo anterior porque desde el sexenio pasado se ha venido hablando de "prioridades" en relación con la investigación biomédica y en los tiempos actuales el término ha adquirido estatura casi dogmática, apoyada en la crisis económica por la que atraviesa México y en la consecuente política oficial de austeridad. Cuando se protesta por la inclusión de "prioridades" en la ciencia en México las reacciones de los distintos interlocutores son variables: los políticos recurren a la demagogia, los economistas explican cansadamente que frente a limitaciones económicas y abundancia de problemas es inevitable establecer jerarquías, los administradores se muestran sorprendidos por lo inoperante de la protesta, y hasta algunos científicos hablan de las obligaciones sociales de su disciplina. El resultado es una especie de *Rashomon* criollo, donde cada uno de los participantes presenta su versión parcial de la "realidad", con todos los argumentos y la vehemencia derivados de su convicción de estar en lo cierto. Lo que sigue es *mi* versión, parcial y apasionada, de la naturaleza, extensión y funciones de las "prioridades" de la investigación biomédica en el México de hoy y del futuro inmediato. Las credenciales que justifican mi participación en la contienda son negativas y positivas: del lado negativo, confieso no ser político, economista o administrador de nada, no tener intereses en una carrera oficial, no vivir ni haber vivido nunca "del presupuesto"; del lado positivo, consigno ser un investigador biomédico desde hace poco más de 30 años.

tiene el poder para evitar la autopsia de sus miembros fallecidos. Al margen del nivel de conciencia social que esta actitud refleja, el resultado es que los pocos datos que existen están limitados a un sector minoritario de la sociedad mexicana: la clase media con acceso a servicios médicos de cierto nivel académico (IMSS, ISSSTE y SSA, en ese órden de capacidad numérica) en los grandes centros de población urbana.

Es posible que algún funcionario, impaciente con las exigencias perfeccionistas de los científicos de la salud, decida cortar el nudo gordiano de la ignorancia y declare que no es necesario poseer datos precisos para establecer prioridades, que todo el mundo sabe que aquellos padecimientos que constituyen la llamada "patología de la pobreza" tienen gran frecuencia en México y deben formar parte de las "prioridades" de la investigación biomédica. De hecho, la lista de "prioridades" del Plan Nacional de Salud, aprobado durante el sexenio pasado, fue la siguiente:

1] Enfermedades infecciosas, como amibiasis y otras infecciones gastrointestinales, paludismo, tuberculosis, lepra, etcétera;

2] Desnutrición;

3] Padecimientos degenerativos, especialmente cirrosis hepática y diabetes mellitus;

4] Problemas de conducta, que resultan en violencia y homicidios.

5] Estudios relacionados con la reproducción humana, por el problema de la explosión demográfica.

Parece que en el sexenio presente la lista ha sido considerada como satisfactoria, pues hasta donde estoy informado sigue siendo la misma. Creo que la mayoría de los médicos e investigadores que trabajan en instituciones asistenciales estarían de acuerdo en que la lista probablemente incluye varios de los problemas de salud más graves en México, aunque ninguno la aceptaría como basada en datos estadísticos confiables, y tampoco como completa. La conclusión de estos párrafos es que los problemas de salud en México no se conocen con precisión, y que la lista oficial de tales problemas (cualquiera que ésta sea) refleja opiniones personales, demagogia y buenos deseos.

2. Los problemas de salud se resuelven con la investigación biomédica.

Es un grave error pensar que los problemas de salud son lo mismo que los problemas de investigación en salud, entre otras razones porque lleva a la creencia de que la solución de los primeros depende del trabajo de los científicos en los segundos. La realidad es que muchos de los problemas de salud en México deben su existencia a las condiciones higiénicas, socieconómicas y culturales de la población, y que para resolverlos lo que se necesita no es más investigación sino cambiar estas condiciones, favoreciendo el desarrollo de una estructura social y económica diferente en el país.

La historia demuestra que la frecuencia de las enfermedades infecciosas ha disminuido en forma inversamente proporcional a la elevación en la higiene individual, colectiva y del ambiente, en la calidad y cantidad de la alimentación, y en el nivel de vida general; además, todos sabemos cuál es la forma más sencilla y efectiva de acabar con el problema de la desnutrición en México. Por otro lado, la investigación biomédica ha producido los medios para diagnosticar precozmente y tratar con eficiencia los casos individuales de muchas enfermedades infecciosas. Tomando como ejemplo la amibiasis, aunque en México existen los procedimientos para su diagnóstico inicial y tratamiento efectivo, la morbilidad de la parasitosis es muy elevada (se calcula que existen más de 9 millones de sujetos infectados) y lo seguirá siendo mientras no se mejoren las condiciones higiénicas y la educación de la población general. Se puede pensar que una vacuna contra la amibiasis sería una meta deseable, y pocos estarían en desacuerdo; pero debe señalarse que las vacunas también tienen sus problemas (como lo demuestra la fiebre tifoidea, endémica y frecuentemente epidémica en México, a pesar de que existe la vacuna), y que también para vacunar a toda la población en alto riesgo es necesario que sus condiciones socioeconómicas mejoren.

3. *La enajenación del científico mexicano*

"De pronto, los investigadores biomédicos mexicanos nos vimos señalados por un índice de fuego, mientras una voz profunda y potente nos acusaba de hacer ciencia irrelevante para el país, enajenada de nuestros verdaderos problemas, y nos invitaba a rehacer nuestras vidas (hasta ese momento inútiles para la patria) dedicándonos, con el mismo fervor que hasta ese momento habíamos desperdiciado en cuestiones esotéricas, a resolver los problemas nacionales de salud. El impacto fue tal que incluso algunos amigos míos, investigadores muy distinguidos y capaces, cayeron de rodillas gimiendo algo sobre su 'crisis de identidad' y rasgando sus vestiduras. En conversaciones con otros 'enajenados' empezamos a preguntarnos de dónde había salido tal acusación, quién había hecho el estudio concienzudo de los problemas nacionales de salud, seguido por el de nuestros respectivos campos de trabajo y nuestras publicaciones, y con qué criterios se había juzgado de su relevancia. Enfocando profesionalmente (o sea, científicamente) la acusación, pronto nos dimos cuenta de que habíamos caído en la trampa: los términos en que habíamos sido acusados estaban vacíos de contenido informacional, representaba más bien ruidos guturales provenientes de miembros de una especie casi distinta a la nuestra. El descubrimiento no produjo ningún alivio, en vista de que los ruidos eran emitidos por individuos con dos características cuya mezcla es letal: Ignorancia, y Poder. Pero el autoanálisis provocado por el miedo fue positivo, sirvió para reafirmarnos en nuestra posición de investigadores biomédicos y responder socráticamente a la casi-otra especie: '¿Cuáles problemas nacionales? ¿Cómo se ha juzgado la relevancia de mi investigación para México? ¿Quién la ha juzgado?' ... "

El inconveniente más grave de establecer "prioridades" para la investigación biomédica a partir de los problemas de salud en México es la estructura burocrática de las instituciones oficiales encargadas de la tarea. Los funcionarios con el nivel de poder suficiente para tomar las decisiones son políticos que ignoran cuáles son los problemas de salud. Aquí el pecado no es que sean ignorantes (ya hemos mencionado que nadie sabe en realidad cuáles son esos problemas) sino que son políticos, o sea que las decisiones van a ser tomadas en función de intereses ajenos a la salud y a la investigación. Y esos intereses no sólo son ajenos sino cambian cada sexenio, lo que impide el desarrollo de programas de investigación biomédica (o de cualquier otro tipo) a largo plazo.

La decisión de si un proyecto científico posee la calidad de diseño que merece apoyo, si el investigador que lo propone tiene la competencia necesaria, y si el área de la investigación es relevante o no a algún problema nacional de salud, es una decisión eminentemente técnica que requiere el juicio de expertos profesionales. Aun así, se cometen algunos errores, ya que la predicción de lo desconocido es uno de los campos más difíciles del quehacer humano. Pero si las decisiones se dejan en manos de políticos, cuya alta posición burocrática se debe a cualquier cosa menos a su demostrada capacidad y experiencia en el campo de la investigación científica, el resultado es simplemente grotesco. La demagogia implícita en la definición de los problemas nacionales de salud se ha exhibido lastimosamente en cada sexenio; víctimas de su ignorancia, los representantes oficiales han hecho discursos donde se refieren a diferentes listas de problemas nacionales de salud, como si en cada sexenio se liquidaran unos y en el sexenio siguiente aparecieran otros. Además, sus juicios sobre campos a los que son completamente ajenos sufren precisamente de lo que nos acusan: de irrelevancia. La única respuesta civilizada al epíteto que los políticos en turno pretenden endilgarnos a los investigadores científicos es la sonrisa tolerante; si persisten, habrá que hacerles ver que se encuentran en un campo peligroso, del que no sólo desconocen sus características generales sino también las reglas del juego y las armas que se usan. Es posible que, abusando del Poder, ganen la batalla, pero será una victoria pírrica; al final, si mantenemos la contienda dentro de nuestro terreno, nosotros ganaremos la guerra.

La conclusión sobre este punto es que los científicos mexicanos hemos sido acusados de enajanación por fiscales incompetentes, que no poseen ni los conocimientos ni la escala de valores indispensables para hablar con autoridad sobre ciencia. Por lo tanto, la acusación es aún menos que falsa: es irrelevante.

4. *No hay dinero*

A primera vista, éste parece ser un argumento contundente. "No hay dinero" tiene un aire físico, definitivo, matemático. Si se añade que el poco que hay no puede malgastarse en el lujo de una ciencia no comprometida, se agrega un nuevo concepto, el de que existen dos ciencias, una "de lujo no comprometida", y otra, "necesaria y comprometida". Tomando primero el argumento más sencillo, que niega la existencia de recursos económicos en el país para el apoyo de la investigación biomédica, mi respuesta es que es simple y llanamente falso. Dinero sí hay, para muchas otras cosas, como por ejemplo el Instituto Nacional del Deporte, las Universiadas, la modernización de la policía y el ejército, las inauguraciones y los viajes oficiales, etc., pero para el apoyo y el desarrollo de la ciencia médica, *No hay*. Lo que realmente no hay es una escala de valores donde la salud ocupe un lugar prioritario, donde la preocupación por el conocimiento médico (que es parte vital de la asistencia médica) sea primaria, represente una meta definida y deseable, una conquista de la Revolución. Si esta postura existiera, si la salud del pueblo mexicano realmente representara una aspiración de sus autoridades, habría dinero para la investigación biomédica. La razón es muy sencilla: lo que sabemos determina lo que hacemos, lo que se conoce de las distintas enfermedades establece nuestra conducta frente a ellas. Si sabemos poco, hacemos muchas cosas y no muy bien; si sabemos mucho, hacemos pocas cosas y las hacemos bien. Se ha dicho que la investigación biomédica debe hacerse sólo en aquellos países que tienen los recursos para apoyarla; los demás países deben ser consumidores, no productores, de la nueva información. Ésta es, y siempre ha sido, la filosofía del conquistador, del imperialista, del que sabe que la mejor manera de dominar y esclavizar a los demás no es a través de las armas o de la riqueza sino del conocimiento, del *"Know how"*.

Respecto a la clasificación de la ciencia en dos tipos, de "lujo no comprometida" y "necesaria y comprometida", debe señalarse que seguramente se originó en la mente de algún escritor de ciencia-ficción frustrado. Sólo a él, feliz en su ignorancia de lo que representa la investigación científica real, se le pudo ocurrir tal dicotomía fantástica. ¿Dónde está un buen ejemplo de cada uno de estos dos tipos de investigación? Me apresuro a señalar que mi pregunta no es científica, porque solicita información anecdótica como prueba de una aseveración; lo que se requiere es un examen riguroso de la historia de la ciencia, tan amplio y profundo como sea posible, que explore la existencia de esos dos pretendidos tipos de investigación. Los resultados de algunos estudios parciales señalan que un mismo trabajo científico ha sido considerado como un lujo irrelevante o como una solución indispensable, según el color del cristal político a través del cual se ha contemplado y según el uso que se ha dado al conocimiento producido. Eso significa que no hay nada intrínseco en la ciencia que la haga de lujo o indispensable, o bien irrelevante o comprometida; se trata de categorías agregadas desde fuera, que revelan más sobre la estructura ideológica y los intereses políticos de la época sobre la naturaleza misma o el valor del conocimiento.

El científico debe trabajar en problemas cuya solución es posible, en vista de la cantidad de información acumulada en el campo hasta ese momento, así como de su propia capacidad técnica y sus posibilidades experimentales. Toda la Ciencia es necesaria y comprometida, porque su producto es el conocimiento y éste ha demostrado hasta la saciedad que sólo sabe ser útil. El conocimiento inútil no existe; el fantasmón del "conocimiento de lujo, esotérico o inútil" ha sido inventado por los enemigos conscientes o inconscientes de la Ciencia, en ignorancia de toda la historia, de la naturaleza específica del animal humano (¡*Homo sapiens*!) y de la ciencia misma.

La conclusión sobre la pretendida falta de dinero es que es falsa, como también lo es la separación de la Ciencia en "irrelevante" y "comprometida". Detrás de esta cortina de mentiras se esconde algo mucho más grave y peligroso, que es la ausencia de la salud como uno de los valores fundamentales en la jerarquía adoptada por las autoridades políticas mexicanas.

5. *Investigación biomédica dirigida y aplicada vs. espontánea y básica*

El subtítulo anterior es torpe pero revela una dicotomía creada por la insistencia oficial en que los investigadores biomédicos mexicanos abandonen sus campos esotéricos y se dediquen a desarrollar proyectos a corto plazo, diseñados para resolver problemas nacionales prioritarios. Ya se ha dicho bastante para descalificar esta postura, pero conviene insistir en vista de que representa el tema central de las autoridades que rigen la ciencia biomédica actual en México. No parece coincidencia que en otros países (y especialmente en Estados Unidos) se haya registrado una actitud oficial semejante hace ya algunos años, durante las administraciones de los presidentes Johnson y Nixon, cuyo resultado fue la restricción progresiva de los fondos dedicados a la investigación científica básica no dirigida y la creación de campañas específicas, dotadas de presupuestos colosales, para atacar y resolver los problemas de las enfermedades cardiovasculares (incluyendo la hemorragia cerebral) y el cáncer. Es curioso que tales decisiones se apoyaron inicialmente en el resultado de un estudio realizado bajo los auspicios del Departamento de Defensa de Estados Unidos sobre el desarrollo de 20 armas militares mayores, como aviones, misiles, submarinos atómicos, etc. En una comunicación preliminar se concluyó que las condiciones óptimas para lograr estos "avances" en el tiempo mínimo eran los contratos de investigación dirigida y con objetivos definidos; además, se señaló que los científicos universitarios habían contribuido muy poco a tales "descubrimientos". Los políticos extrapolaron esta conclusión (claramente restringida a aspectos peculiares de la tecnología de la guerra) a toda la investigación científica, y empezaron a hablar de proyectos dirigidos y a corto plazo como la forma más eficiente de resolver muchos problemas, entre ellos los relativos a la medicina. Los científicos reaccionaron protestando lo inoperante de la extrapolación y señalando no sólo con ejemplos sino también con estudios más extensos y más relevantes, que los hechos históricos demuestran la falsedad de la conclusión mencionada; entre una extensa literatura debe señalarse el importante trabajo de los doctores Julius Comroe y Robert Dripps, publicado en 1976, cuya traducción aparece en el número 20 de *Ciencia y Desarrollo*[2] y cuya lectura se recomienda a todos los interesados. En una elocuente conferencia sobre este tema, el doctor Arthur Kornberg[3] (Premio Nobel) decía en 1976:

¿Cómo podemos convencer a nuestros conciudadanos y legisladores de las ventajas de invertir en las ciencias médicas básicas y de lo absurdo de apostar para obtener resultados rápidos en el tratamiento de las enfermedades? Ésta es una cuestión sociológica, un problema de técnicas de relaciones públicas en las que no poseo competencia especial. Yo sólo sé que las protestas son mejores que el silencio. La acción es mejor que la inactividad. Pero no creo que ninguno de nosotros, o cualquier grupo de nosotros, en nuestro estado presente de desorganización, tendrá un impacto importante en las fuerzas masivas políticas y sociales que mueven el péndulo del apoyo a la ciencia.

La idea de que la solución de los problemas nacionales de salud en México van a resolverse apoyando a los grupos de investigadores que trabajan en proyectos dirigidos a esas metas y a corto plazo es incorrecta. Su atractivo se basa en que parece lógica y expresa sentimientos nobles, además de que convierte a los investigadores en responsables de encontrar las soluciones, con lo que los políticos se lavan las manos. Pero las premisas de la idea son falsas, con lo que la lógica se convierte en simple consistencia interna. No hay un camino fácil y rápido para resolver problemas que ni siquiera conocemos bien; la investigación biomédica sólo puede resolver problemas científicos, no políticos o de estructura social y económica, y sólo puede hacerlo a su manera, no de acuerdo con decisiones burocráticas en las que no participa.

III. PRIORIDADES EN LA INVESTIGACIÓN BIOMÉDICA EN MEXICO

Todo lo anterior sugiere que no deben establecerse prioridades

[2] J. H. Comroe Jr. y R. D. Dripps "Bases científicas para el subsidio de la ciencia médica", *Ciencia y Desarrollo*, 20:37-51, 1978. (Tomado de la revista *Science, 192:* 105-111, 976.)
[3] A. Kornberg, "Research, lifeline of médicine", en *New Engl. J. Med.,* 294:1212-1216, 1976.

en la investigación biomédica en México. Sin embargo, los argumentos mencionados sólo pretenden demostrar que las prioridades no deben establecerse a partir de una lista imaginaria de problemas de salud y por funcionarios que desconocen la naturaleza de la investigación científica. Pero de ninguna manera se oponen a la existencia de prioridades, cuya necesidad no sólo es crónica sino urgente. La lista que sigue es incompleta y ha sido hecha sin atención al orden, ya que todas las acciones son igualmente indispensables:

1. La salud debe pasar a ser un valor prioritario del pueblo mexicano, lo que depende directamente del gobierno del país. No se están pidiendo declaraciones públicas, discursos o expresiones favorables, sino decisiones que se traduzcan en el presupuesto dedicado a promover la salud. Quizá ésta sea, en última instancia, la prioridad más alta de todas, ya que al establecerla el gobierno se encontraría ante la obligación de planear y promover todo lo conducente a su cumplimiento.
2. Las autoridades relevantes deben aceptar que la investigación biomédica es parte indivisible de la asistencia médica, ya que genera los conocimientos indispensables para el ejercicio científico de la medicina. La actitud de algunos funcionarios, que pretenden distinguir entre la investigación científica y la práctica asistencial, refleja una ignorancia tan grande de la realidad médica que debería ser incompatible con su nombramiento o persistencia en el puesto. La aceptación de que todo médico debe ser también investigador se traduciría en el apoyo y la promoción de la investigación biomédica en todas las instituciones de salud del país. El resultado sería la elevación inmediata de la *calidad* de la asistencia, que aunque no parece preocupar a economistas y expertos en optimización de recursos, es desde luego la aspiración de muchos médicos y de todos los enfermos.
3. Es urgente apoyar a *toda* la investigación biomédica de buena calidad que existe actualmente en México, sin importar el área específica en que se está trabajando. La decisión sobre la calidad del trabajo científico sólo puede hacerla un grupo de científicos con experiencia en el campo, después de estudiar con cuidado toda la información proporcionada con este objeto.
4. La formación de recursos humanos para aumentar los cuadros de investigadores biomédicos y permitir su diversificación es igualmente urgente. Esto requiere establecer cursos de metodología de investigación en las escuelas de medicina y en las instituciones hospitalarias, así como la promoción vigorosa de becas para todos aquellos que expresen interés en algún aspecto de la investigación biomédica.

Estas 4 prioridades son genéricas e implican otras más, como la facilitación de las importaciones de equipo y materiales necesarios para realizar la investigación, el apoyo a las publicaciones científicas nacionales, la elevación del estado social y económico de los investigadores, su participación activa en todo lo relacionado con la promoción de su trabajo, etc. Nada de todo esto es difícil de hacer o demasiado costoso; de hecho, la inversión inicial sería relativamente modesta, dado el número dramáticamente limitado de investigadores biomédicos activos que actualmente existen en México. Pero debe hacerce con la conciencia de que no se trata de una inversión a corto plazo y cuyos resultados vayan a reflejarse en la mejoría inmediata de la balanza de pagos o en la disminución de la deuda pública. El objetivo de la inversión sólo puede ser la mejoría de la calidad de la vida del pueblo mexicano, y sus resultados sólo podrán apreciarse dentro de una o más generaciones. Para lograrlo, hace falta la decisión de las autoridades y el trabajo de los investigadores y los médicos de México. Nosotros estamos listos y esperando.

10. MEDICINA ASISTENCIAL E INVESTIGACIÓN BIOMÉDICA: ¿AMIGOS O ENEMIGOS?[1]

En primer lugar deseo agradecer muy cumplidamente a las autoridades de este hospital, así como a mi buen amigo y antiguo colaborador, el doctor Luis Terán, la honrosa invitación que me hicieron para venir a compartir con ustedes inquietudes, experiencias y predicciones sobre la investigación biomédica en México. Mi objetivo debe quedar desde el principio lo más claro posible; estimular entre ustedes la discusión crítica de la naturaleza, funciones y posibilidades de la investigación biomédica en México. Si este objetivo se cumpliera, y además algunos o alguno de ustedes decidiera romper con el complejo de dependencia que nos agobia y nos transforma, no sólo en consumidores de la información producida en otros sitios, sino también en técnicos mediocres, en vez de promovernos a profesionistas completos, me sentiré como si me hubiera sacado la Lotería. Y si además, como consecuencia de la acción corrosiva del trabajo, estos pocos estimulados obtuvieran nuevos conocimientos sobre cualquier cosa, por más pequeña que fuera, pero científicamente documentados, me consideraré más afortunado que si me hubiera nombrado gerente de algún Fideicomiso Oficial, lo que en estos días parece ser el triunfo definitivo en nuestra sociedad. Después de eso, me sentaría a esperar mi comisión como embajador de nuestro país en alguna sabrosa capital europea, como justísimo premio a mis esfuerzos. Para alcanzar ese objetivo me propongo hablar de tres puntos relacionados con la investigación biomédica en México: 1] una breve discusión sobre su importancia y su función en la medicina; 2] una descripción de su estado actual y algunas razones para explicarlo; 3] algunas proposiciones concretas para mejorar esta situación, destacando lo que puede hacerse hoy en México.

[1] Conferencia presentada en la Sociedad Médica del Hospital "20 de Noviembre", del ISSSTE, en febrero de 1978.

Mi primer punto es un comentario semántico. Voy a hablar de la investigación biomédica, que en mi concepto engloba varias de las categorías en que se ha pretendido dividir a la investigación relacionada con la Medicina. Todos estamos familiarizados con algunas de ellas: se habla de investigación "básica" y de investigación "clínica", o de investigación "pura" y de investigación "aplicada" (aunque el contraste debería ser con la investigación "impura" o "contaminada") y en meses más recientes, la moda ha sido de hablar de investigación "relevante" de "problemas nacionales" versus "irrelevante" o "enajenada". Si yo voy a referirme a la investigación biomédica sin calificar es porque nunca he sido capaz de comprender las diferencias sutiles entre las distintas categorías de ciencia que he mencionado; en ratos de gran claridad perceptual he concebido que quizá las diferencias entre las investigaciones básica y clínica califican la especie del animal experimental que se utiliza para la investigación, entre las investigaciones pura y aplicada se refieren a las esperanzas del investigador sobre la utilidad (o quizá la patente) inmediata de sus resultados, y entre la relevante y enajenada se derivan del valor demagógico de la manera como ha formulado el proyecto, que seguramente refleja el clima político del momento y las probabilidades de obtener fondos para llevar a cabo su trabajo. Todas estas diferencias me parecen superficiales, transitorias e irrelevantes: yo sólo distingo entre dos tipos de ciencia, la buena y la mala, o sea la bien hecha y la mal hecha. Como tengo un elevado respeto a mi auditorio, me voy a referir solamente a la ciencia que vale la pena, que es la buena o la bien hecha; dejo la otra, la mala o la mal hecha, para los reportajes de *Alarma*, de *Selecciones del Reader's Digest*, o de Jacobo Zabludowsky, mencionados en orden alfabético.

Mi segundo punto se refiere a la importancia de la investigación biomédica en el ejercicio de la medicina moderna. En primer lugar, debo aclarar que el término "importancia" no quiere decir casi nada; se trata de un concepto comparativo, o bien de la expresión de un sentimiento muy personal ("a mí me importa mucho esto") que generalmente se usa cuando no se tiene nada más que decir. Yo lo menciono porque forma parte de casi todos los discursos oficiales en que se hace referencia a las funciones de clínicas, hospitales, institutos y escuelas o facultades de Medicina. ¿Quién de los aquí presentes no ha oído demasiadas veces a toda clase de oradores (sindicales, oficiales o académicos) en todo tipo de reuniones (asambleas, inauguraciones, clausuras, ceremonias, congresos, seminarios) decir que una de las funciones más "importantes" de la Medicina y de los médicos es la investigación? Además, en años recientes, la mayor parte de las instituciones médicas dependientes de la medicina socializada (ésta es una de ellas) posee sendos Departamentos de Enseñanza e Investigación, con jefes, secretarias, escritorios, teléfonos, presupuestos y derecho a estacionamiento. Si la medida del término "importancia" es el rango escalafonario que adquiere su director, la fracción presupuestal que le corresponde dentro del gasto anual, la belleza e inaccesibilidad de sus secretarias, o el sitio donde estaciona su automóvil, yo concluyo que seguramente quiere decir algo muy importante.

¿Qué se quiere decir cuando se dice que la investigación biomédica es imporante? *El Diccionario de la Real Academia Española* dice: "Que importa, que es de importancia", y para la palabra importar señala que significa: "Convenir, interesar, hacer al caso, ser de mucha entidad o consecuencia", o sea que la investigación biomédica conviene, interesa, viene al caso, es de mucha entidad o consecuencia", con lo que nos quedamos exactamente igual que al principio no sabemos a quién le conviene e interesa a teresa, o bien cuál es el caso en que es relevante, o de mucha entidad o consecuencia. Si se nos aclara que le conviene e interesa a los médicos, que es relevante a la medicina, estamos justificados en examinar si esto es cierto, si para el médico que ejerce su profesión en los consultorios, en las salas de hospitalización, en los quirófanos o en los laboratorios, la investigación biomédica puede realmente caracterizarse de esa manera. Por lo que yo conozco de la estructura y actividades de la medicina institucional y privada en México, debo concluir que no es cierto, por la sencilla razón de que la inmensa mayoría de los médicos la desconocen o no la practican. El énfasis se encuentra en otra área, que puede denominarse como "eficiencia asistencial", que se mide por la cantidad de acciones médicas por hora, semana, mes, sean pacientes vistos en consulta, historias clínicas revisadas, operaciones quirúrgicas llevadas a cabo, radiografías interpretadas, exámenes de laboratorio informados, etc. La "eficiencia asistencial", promovida y vigilada por las autoridades de la medicina institucional, excluye de manera implícita o explícita a la investigación biomédica, no la considera como parte de las funciones del médico, no le concede *importancia*.

¿A qué se debe esto? ¿Refleja acaso un espíritu perverso de parte de las autoridades? No lo creo, y estoy seguro de que ni el investigador biomédico más paranoico pondría ese motivo a la cabeza de la lista de causas responsables de la ausencia casi completa de investigación biomédica en la mayoría de nuestras instituciones de salud. La razón, según mi muy personal punto de vista, es otra: es la ignorancia de la función de la investigación biomédica en el ejercicio de la medicina. Si los funcionarios y los administradores la conocieran, seguramente que estarían exigiendo, con la misma insistencia con que ahora nos exigen que chequemos a tiempo nuestra tarjeta, que todos los miembros de las instituciones estén activamente involucrados en diversos programas de investigación biomédica; si los médicos la conocieran, todos estarían trabajando incansablemente en algún proyecto de investigación.

La función de la investigación en el ejercicio de la medicina es bien sencilla: producir conocimientos. Desde hace unos 300 años, cuando la medicina dejó de ser magia y empezó a transformarse en ciencia, aceptó convertirse en una disciplina racional, basada en conocimientos objetivos. El progreso de la medicina se debe al progreso de los conocimientos; cuando se practica la medicina sin conocimientos, se fracasa en la función de ayudar al enfermo; en cambio, cuando se ejerce sobre la base de conocimientos, el enfermo recibe el máximo beneficio posible. Todos tenemos conciencia de que la medicina dista mucho de ser perfecta, de que todavía nos falta muchísimo por aprender, que nuestra ignorancia es casi infinitamente mayor que nuestra información. También todos sabemos que los únicos interesados y preparados para avanzar los conocimientos en medicina somos los médicos; si no lo hacemos nosotros, nadie lo va a hacer por nosotros. Esto crea una responsabilidad tan grande como la que adquirimos con los pacientes individuales cuando recibimos el título profesional; como médicos no sólo estamos obligados a preservar la salud y combatir la enfermedad, sino a aumentar los conocimientos que nos permitan hacerlo cada vez mejor.

Hay dos formas de adquirir información científica: la del consumidor, que la obtiene leyendo libros y revistas, asistiendo a congresos o reuniones, conversando con colegas más expertos, etc., y la del productor, que la genera a partir de su propio trabajo. Obviamente, se puede ser consumidor puro, pero no se puede ser productor puro; este último requiere consumir la información relevante y reciente en su campo de trabajo. El médico consumidor de conocimientos se beneficia del trabajo de los demás y por ello se capacita para realizar una labor asistencial eficiente; lo que ofrece a sus enfermos es consecuencia de los conocimientos que ha obtenido en sus estudios, de las técnicas diseñadas por otros que él sigue fielmente. La medicina que ejerce no es una profesión sino un oficio, y en muchas áreas empieza a ser remplazado por computadoras. Pero como sea, puede ejercer su oficio con ventaja para sus enfermos y derivar satisfacción de su trabajo. Pero hay algo que no está haciendo, hay una responsabilidad con la que no está cumpliendo, que es avanzar los conocimientos médicos. En ese sentido es un parásito de sus colegas productores de información, antiguos, contemporáneos y futuros, y les roba a sus pacientes y a muchos otros enfermos, actuales o futuros, la oportunidad de ser mejor manejados. El médico consumidor puro de información traiciona a sus colegas y a la Medicina, y por eso digo que no puede llamarse un verdadero profesionista.

Éstas son palabras fuertes, y quizá algunos de ustedes se sientan un poco incómodos conmigo. Les aseguro que mi intención no es ofender, sino estimular. Pueden decirme que está bien, pero que no todos pueden ser investigadores, que el medio es resistente o hasta hostil a una actitud un poco más inquisitiva, que el tiempo apenas si alcanza para llenar las cuotas de trabajo que les han fijado los expertos en optimización de recursos asistenciales, que no hay medios para desarrollar investigación, etc. Estas y otras razones son válidas mientras no se transformen en disculpas, mientras no se usen como pretextos para encubrir otras, más profundas y quizá más íntimamente relacionadas con las verdaderas causas del raquitismo científico en la medicina institucional mexicana.

La respuesta a muchas de las objeciones mencionadas está en la función de los conocimientos (que son el producto de la investigación) en la práctica de la medicina. Otra vez se resume en una sola palabra: *calidad*. Quizá esta palabra suene un poco extraña; si es así, se deberá a que casi nunca se usa para calificar a las acciones médicas cuando se habla de eficiencia asistencial. Los expertos en optimización de recursos están preocupados por cifras, por cantidades, por análisis de costo-beneficio, por todo aquello que aumente los índices de rendimiento cuantitativo. La calidad es muy difícil de medir o pesar, sobre todo en acciones tan complejas como las que nos ocupan: una consulta, una operación quirúrgica, una visita a un enfermo encamado; ¿cómo podemos determinar su calidad, qué unidades vamos a usar para decir que una consulta es regular, buena o buenísima? ¿O que una colecistectomía es excelente, magnífica o perfecta? Los administradores podrán medirlas contra el tiempo utilizado: una consulta de 12 minutos es menos buena que una de 6, una colecistectomía de 45 minutos es mejor que una de hora y media, etc. Pero como médicos, todos sabemos que esto no es cierto, que la calidad no tiene nada que ver con cifras, que depende de ciertas condiciones inconmensurables, intangibles y hasta inpronunciables, y que mejor se "siente" que se "observa", tanto por el enfermo como por el médico. Sin embargo, hay algo en el resultado de la calidad que sí puede medirse y cuyas consecuencias podrían convencer a los campeones de la eficiencia asistencial: me refiero al "prestigio" comparativo de las instituciones. No se me malentienda, no me refiero al "prestigio" derivado de campañas publicitarias, de entrevistas en la televisión o de artículos demagógicos; me refiero a la preferencia expresada por internos, residentes y médicos por trabajar, y por enfermos de ser tratados, en distintos hospitales. En todos los países del mundo occidental, y especialmente en los que tenemos más cerca, los hospitales de más "prestigio" son los afiliados a universidades, los que exhalan un espíritu más académico, los que son líderes en investigación biomédica, aquellos que producen mayor cantidad de nueva información.

Quiero concluir el primer punto de esta plática resumiendo mis conclusiones: la investigación biomédica es importante porque genera nuevos conocimientos, que son la base de la medicina científica, y esto se refleja en la calidad de la asistencia médica que reciben los enfermos. También he mencionado que la calidad es difícil de medir pero fácil de apreciar, por la demanda de servicios que reciben las instituciones, tanto educativas como de asistencia médica.

Mi segundo punto se refiere al estado actual de la investigación biomédica en México. En esta parte de la plática seré breve, en primer lugar porque no poseo información estadística extensa y actualizada sobre el tema, y en segundo lugar porque la conclusión de cualquier estudio de este tipo es obvia y puede reducirse a una sola palabra, de significado bien conocido: raquitismo. Mi interés se centrará, por lo tanto, en un intento de explicar esta dramática situación, buscando más sus causas reales que las excusas que habitualmente se citan para justificarla. Casi todos mis datos se derivan de un libro excelente, *La salud de los mexicanos y la medicina en México*,[2] que acaba de ser publicado por Jesús Kumate, Luis Cañedo y Oscar Pedrotta; este libro debería ser lectura obligada para todos los médicos de México, y desde luego de esta institución.

Antes de mencionar algunos datos numéricos, deseo recordarles que somos un país de 60 millones de habitantes, de los que la quinta parte (12 millones) vivimos en el D.F. Este dato no significaría mucho si no se acompañara de un diagnóstico anatómico bien conocido: somos un país macrocefálico. Dentro de esta enorme cabezota, cierto número (4 millones) contamos como neuronas, mientras que el resto (8 millones) son neuroglia y otros elementos no productivos, o sea que son sujetos marginados, algunos subempleados y muchos otros simple-

---

[2] J. Kumate, L. Cañedo, y O. Pedrotta, *La salud de los mexicanos y la medicina en México*, México, El Colegio Nacional, 1977. Véase el capítulo 12 de este libro, donde se hace un análisis del volumen citado.

mente avecindados, casi todos en condiciones de miseria y subsistencia subhumanas. Los esfuerzos por descentralizar la ciencia y otras muchas cosas en el país no han pasado de simples pronunciamientos demagógicos, tanto en el régimen pasado como en el actual; pasarán muchos años antes de que los capitalinos dejemos de ver a nuestros hermanos provincianos como menores, subdesarrollados y dignos de compasión y tolerancia. La situación no es muy distinta de cuando yo era estudiante de medicina, hace casi 30 años, y un profesor nos propuso que hiciéramos un viaje a Pachuca para visitar unas minas y evaluar las condiciones de higiene del trabajo de los mineros; el jefe de nuestra clase, en un discurso improvisado antes de partir, dijo informalmente a un pequeño grupo de cuates: "Abusados, porque al provinciano hay que fregarlo..." aunque en otros términos, que no uso porque la compañía es mixta. Aclaro que yo no fui al viaje de higiene porque tenía otros compromisos mucho más interesantes, pero me enteré que el mismo jefe de nuestra clase se cubrió de gloria cuando dijo, en un discurso agradeciendo una comida que prepararon para nosotros nuestros compañeros estudiantes de medicina de Pachuca, lo siguiente: "Quiero agradecer este pequeño ágape..." En su favor, debo señalar que el discurso se produjo al final de la comida que, según me contaron, no se caracterizó por su sequedad.

En 1973 se encuestaron 960 departamentos o laboratorios donde se realizaba investigación biomédica, como parte de un programa combinado CONACYT-IMSS a nivel nacional, que incluía centros de salud, clínicas, hospitales, escuelas y facultades de medicina, e institutos de investigación. Se localizaron 5 720 proyectos en los que participaban 3 908 investigadores; la mayor parte de los trabajos se realizaban en instituciones asistenciales (65%), mientras los institutos de investigación tenían a su cargo una fracción menor (20.6%) y los institutos de educación superior iban a la cola (9.5%). De las instituciones asistenciales, el IMSS desarrolló el 46.4%, la SSA el 25.1%, y el ISSSTE el 4.6%. El 63% de los proyectos se localizaban en el D.F.

Las cifras anteriores reflejan lo que los médicos e investigadores dicen que hacen; para examinar los resultados de su trabajo, una forma aceptable es analizar su producción, en forma de publicaciones de artículos y libros. En 1973 se publicaron 359 libros y 2 828 artículos originales, de los que 2 212 aparecieron en revistas nacionales y 617 en revistas extranjeras; otros trabajos fueron 316 artículos de divulgación y 4 917 ponencias en congresos, simposios y eventos científicos varios. Tiene interés la desvinculación casi total de la investigación biomédica con el sector de producción o del desarrollo experimental, pues de las 3 908 personas relacionadas con la investigación únicamente 35 reconocieron tener nexos con aspectos aplicativos inmediatos y se detectaron sólo 14 patentes registradas por conocimientos tecnológicos y 28 más en trámite.

En el presente sexenio, el área de la salud y la medicina no es prioritaria: la inversión en el sector correspondiente ha disminuido del 22 al 12% en relación con el presupuesto federal; no poseo cifras para 1977 pero todos hemos sufrido los rigores de un año de austeridad, y muy especialmente los investigadores, para los que no hubo ningún aumento en las inversiones sino más bien una disminución considerable, además de la impuesta por la devaluación y la inflación combinadas. A la política de austeridad debe sumarse la llegada de nuevas autoridades, algunas de ellas decididas a acabar con el "academismo" y con los aspectos "básicos" de la medicina en las instituciones asistenciales. Claro está, todos sabemos que esto equivale a eliminar a la calidad en el manejo de nuestros enfermos, por lo que estamos convencidos de que tales declaraciones deben haber sido expresiones sutiles de un fino humorismo, hechas más con el deseo de estimular la excelencia en el ejercicio de nuestra profesión, que de ninguna otra cosa...

Las cifras que he mencionado retratan un cuadro trágico, que es un nivel bajísimo de investigación biomédica en las instituciones de salud de nuestro país. ¿A qué se debe esto? Creo que las razones son complejas y que llegan hasta las raíces de nuestra estructura social, pero para nombrar a unas cuantas es conveniente separarlas en endógenas y exógenas, o sea propias de la profesión médica y ajenas a ella. Entre las causas endógenas de nuestro raquitismo crónico en investigación biomédica mencionaré 3, que son la educación, el malinchismo y el complejo de inferioridad.

1] *Educación.* En la educación del médico la investigación científica prácticamente no existe, a pesar de todos los discursos de todos los directores de todas las escuelas y facultades de todo el país que yo he oído, y han sido muchísimos. Hasta la semana pasada existían 55 escuelas de medicina en México, ¿en cuántas dicen ustedes que se realiza investigación científica? ¿Y de ésas, en cuántas es la investigación parte de la educación que recibe el futuro médico? ¿Y de ésas, en cuántas se estimula al interno o al residente para que continúe con su programa de investigación, al mismo tiempo que debe hacer historias clínicas, atender partos, sostener separadores, recoger exámenes de laboratorio, etc.? Creo que al final de mi tercera pregunta ya estamos en el cero. Y sin embargo, las escuelas y facultades mencionadas están educando y graduando generaciones de médicos que, unos cuantos meses después de haber terminado la carrera, ya no muestran diferencias (si es que alguna vez las mostraron) derivadas de sus distintas escuelas. Yo concluyo que en la actualidad, en México, la investigación no desempeña absolutamente ningún papel en la enseñanza y el aprendizaje de la medicina. Por otro lado, hacer bien investigación científica no es sólo cosa de inspiración y buena suerte; de hecho, el campo representa una especialidad bien compleja, larga y difícil de ejercer. Se ha dicho que la investigación es 5 por ciento inspiración y 95 por ciento sudoración; esto último es mucho trabajo técnicamente laborioso, fino y de gran componente conceptual. Nada de esto se enseña en nuestras escuelas, y esto contribuye a que haya pocos investigadores biomédicos.

2] *Malinchismo.* Este término puede querer decir muchas cosas, pero yo lo estoy usando para caracterizar nuestra creencia de que todo lo que viene del extranjero, y en esta generación, de los Estados Unidos, es mejor que lo nuestro; en generaciones anteriores no era el vecino país del norte el productor de todo lo bueno, sino Francia; todavía antes, en el siglo pasado, era España; y quién sabe si en el futuro algún día sea Rusia, o China, o Uganda. Tal postura es difícil de explicar, pero yo me permito sugerir que se debe en parte a que fuimos conquistados y civilizados por España y no por Inglaterra; el espíritu español, tan dado a la filosofía y a la metafísica, tan admirador del romanticismo, que produjo grandes humanistas, tuvo poca afición a la ciencia y permaneció al margen de la revolución industrial, obligando a sus colonias a seguir detrás de su sombra. En ciencia y técnica nos condenaron a ser consumidores, como ya lo éramos en humanismo y arte de ellos mismos; nuestro subdesarrollo económico e industrial es consecuencia no sólo de la falta de capital (que lo hemos tenido varias veces, y en forma abundante, a través de la historia) sino de la falta de "know how", de conocimientos, de ciencia y tecnología. El proceso de aculturación (que incluye la desculturización) reforzado en la actualidad por todos los medios comunicativos y todas las técnicas más modernas de la mercadotecnia nos ha ido transformando cada vez más en copias tragicómicas del modelo norteamericano, y cambiamos el tianguis por el supermarket, el tequila por el whisky, la camiseta que dice "México" por la que dice "Harvard". Naturalmente, un libro de medicina escrito por Smith en inglés es mejor que uno escrito por Pérez en español, aunque no leamos ninguno de los dos. Los descubrimientos de Ruiz Castañeda, tanto teóricos como prácticos, fueron conocidos mejor y patentados primero en el extranjero, porque en México volábamos a escuchar una conferencia dada por Jones pero no le hacíamos el menor caso a Ruiz Castañeda, uno de los investigadores más originales y distinguidos en su campo y en su tiempo. Concluyo, pues, que el malinchismo nos derrota antes de empezar; preferimos ser consumidores de lo bueno, a ser productores (y consumidores) de lo malo.

3] *Complejo de inferioridad.* Este tercer mecanismo endógeno está íntimamente relacionado con el malinchismo, pero tiene aspectos diferentes. No se trata de admiración excesiva por todo lo extranjero (lo bueno y lo malo) sino de la convicción, confesada o subconciente, de que lo hecho en México por mexicanos está mal hecho. Y eso que estamos rodeados por todas partes y en todos los campos de la expresión humana, tanto artística como científica, por ejemplos extraordinarios de talento, dedicación, capacidad y excelencia. Claro que también existen mediocres, maletas y charlatanes, pero en eso no estamos solos ni somos excepción. La verdad es que no somos mejores ni peores que los demás: alguna de la música que se ha compuesto en México es tan buena como cualquier otra de su tiempo, y a veces hasta mejor; los pintores mexicanos son famosos en todo el mundo, desde luego mucho más que en México; nuestros escritores escriben tan bien como los alemanes, los franceses o los ingleses; y nuestros científicos no tienen menos neuronas ni menos capacidad que cualquier otro de cualquier otra raza. Todo esto lo sabemos, pero nuestro complejo de inferioridad asoma cuando el mismo día se anuncia un concierto de Hans Richter Hasser en un teatro, y de María Teresa Rodríguez en otro; o cuando hay dos obras teatrales, una de Berthold Brecht y otra de Vicente Leñero, simultáneamente en la cartelera, o cuando en el Museo de Arte Moderno se exhiben pinturas traídas de un museo ruso y los paisajes de José María Velazco. Ya sabemos a dónde va a haber colas, a dónde va a ir la gente, qué va a despertar el interés y el entusiasmo. En la televisión, ¿qué prefieren ver ustedes?; ¿un programa de música rock, hecho en los Estados Unidos o a Los Folkloristas? Mi opinión personal es que todos pueden ser muy buenos, regulares o malos, pero que no hay nada intrínsecamente malo en lo nuestro por ser nuestro; lo único que lo hace malo es precisamente que es mexicano, que juzgamos nuestra capacidad con criterios más rígidos y quizá menos objetivos que los que usamos para otros, cuya única "ventaja" es que vienen de fuera.

Entre las causas exógenas de la miseria que aflige a la investigación biomédica en las instituciones asistenciales en México citaré otras 3, en aras de la simetría de mi exposición, que son el rango social del investigador, su nivel de remuneración, y la discontinuidad periódica de origen político.

1] *El rango social del investigador.* Hace unos años se realizó una encuesta en Israel, entre los padres de muchachas en edad casadera. Los entrevistadores preguntaron a los padres qué profesión preferían que tuvieran sus futuros yernos; la profesión más favorecida por los padres fue la de "científico". Si hoy hiciéramos una encuesta semejante en México, ¿en qué lugar quedarían los científicos? Creo que no aparecerían en la lista, que seguramente estaría encabezada por títulos profesionales como "licenciado", "médico", "arquitecto", ocupaciones más populares como "artista de cine", "torero", "comerciante", o más lucrativa, como "político", "líder del PRI", o "ministro". Esto refleja que en nuestra sociedad, el rango social del científico es ínfimo, y la razón más importante es "porque se muere de hambre". Creo que lo mismo les pasa a los filósofos (me refiero a la opinión general), en cuya compañía me honro en encontrarme. Ésta era la opinión de mi familia respecto a la música, y fue la razón principal por la que yo no fui músico, como fue mi padre. Si lo menciono ahora es porque me parece que uno de los factores que mantienen a la investigación científica marginada entre las opciones profesionales de los jóvenes es que goza de una posición social ínfima. Hasta el día de hoy, mi madre, que es una santa mujer, les pregunta en voz bajita a mis hermanos: "Eso que Ruy hace, ¿sirve para algo", y confieso que su mayor satisfacción (que me alegra haber podido dársela) es haberme visto en la televisión... Es obvio que pocos jóvenes van a aspirar a una vida profesional que cuenta con tan poca estima (derivada de la incomprensión) por parte de la sociedad donde piensan desarrollarse.

2] *Remuneración del investigador.* El nivel de aprobación con que cuenta el investigador por parte de la sociedad donde se desenvuelve se refleja en su remuneración. Una parte es la tradición. Recordemos aquellos versos que decían:

Cuentan de un sabio que un día
Tan pobre y mísero estaba
Que sólo se alimentaba
De los huesos que roía...

En otras palabras, el científico es (o debe ser) un místico, un sacrificado, un individuo que se consume por algún fuego interno y que no necesita de las compensaciones frívolas y mundanas que constituyen el eje de la vida del resto de los mortales, como es comer y dar de comer a sus hijos, poseer algunos libros y algunos discos (y un aparato estereofónico para escucharlos), una vivienda que pueda llamar suya (no sé si exagero), y hasta algún tipo de instrumento motorizado de transporte, que va desde patines o bicicleta hasta automóvil, para aumentar las horas invertidas en el trabajo a expensas de las pérdidas miserablemente en desplazarse a través de esta ciudad monstruosa, contaminada y maldita. Los funcionarios que determinan la remuneración de los científicos nunca han notado que éstos pertenecen a la misma especie animal que ellos mismos, y que por lo tanto cabría la posibilidad de que tuvieran sus mismas aspiraciones y sus mismos gustos. Mi experiencia ha sido que lo ven a uno como miembro de otra especie, no *Homo sapiens* (como ellos) sino más bien *Homo cientificus*, una especie degenerada, más cercana a los antropoides que al hombre, que seguramente no necesita ni para él ni para su descendencia la misma vida amable, rociada por vinos franceses (¡cuidado con el malinchismo!) y alegrada por vacaciones a Europa que para el funcionario se hacen tan pronto elementos indispensables de la existencia. Recuerdo una ocasión en que un elevado funcionario me preguntó cuánto pensaba yo que debería ganar por mis actividades profesionales; mi respuesta (que no me sirvió para nada, ni siquiera aumentar mi popularidad con él) fue que me concediera el mismo salario que él disfrutaba, más una compensación adicional que yo requería para comprar libros y discos, asistir a conciertos, obras teatrales y otras funciones, aparte de los numerosos viajes a París y otras partes de Europa que exigían mis contactos personales con otros investigadores. Este episodio concluyó en un fracaso completo. El funcionario de marras rechazó ofendido mi solicitud pero me aconsejó, casi entredientes: "Para eso, espérese a que esté en una posición como la mía..."

3] *Discontinuidad periódica política.* El tercer factor exógeno que mencionaré, en este recuento de las condiciones que determinan la pobreza de la investigación biomédica en México, es la inestabilidad de cualquier programa que requiere, para su realización más elemental, de cierta continuidad en las acciones políticas decisivas. Nuestro país cambia totalmente de faz, de rumbo, de propósitos, de estructura y hasta de fisonomía, cada seis años. En esto se parece al Ave Fénix, ese pájaro mitológico que renacía de sus cenizas, tímidamente al principio y después con toda su potencia, para volver a sucumbir al Fuego Sagrado y repetir su ciclo interminable. Si la periodicidad fuera rigurosamente sexenal podría incluirse dentro de los programas de investigación como una contingencia externa inevitable. Pero la experiencia personal indica que la discontinuidad es aperiódica, imprevisible y caótica, porque depende de una sucesión casi infinita de cambios a muy distintos niveles, determinados por elementos cuya lógica escapan no sólo al pobrecito de Aristóteles sino a cualquier otro optimista que haya pretendido sistematizar el sistema político mexicano. Personalmente, he llegado a la conclusión de que el investigador científico en este país que desea continuidad en sus investigaciones debe desdoblarse en dos personajes: el Dr. Jekyll resultante se ocupará de sus investigaciones científicas, mientras que el Mr. Hyde correspondiente estará atento a las sutilezas políticas indicativas de un cambio posible, probable o actual, que requiera una reformulación de objetivos, métodos, filosofía o postura demagógica, todo en aras de permitir a su *alter ego* metafísico (el bueno del Dr. Jekyll) seguir trabajando en lo que le gusta. ¡Pobre de Mr. Hyde! Su trabajo sería mucho más difícil, incierto y esquizofrenizante que el del Dr. Jekyll. Pero tal consideración no es relevante al objetivo final, que sería el conseguir la continuidad de la labor de investigación del Dr. Jekyll. La realidad es completamente distinta. Con periodicidad aperiódica, los investigadores científicos en México estamos sometidos a una tarea que se considera anacrónica en otros países: convencer a nuestras autoridades de que nuestra labor es conveniente para ellos, útil para el desarrollo económico de su clase, importante para el prestigio internacional del país, y hasta digna para los seres humanos que gobiernan. Aunque a la luz de lo que pasa en otros países tal labor pudiera considerarse medieval, en el nuestro es tarea casi continua; yo he estado tentado de incluirla en mis solicitudes de apoyo a mi investigación, en un renglón que diga: Gastos de convencimiento a las autoridades políticas de que lo que yo hago SIRVE: 100 000.00 pesos. Se me hace poco, cuando calculo lo que se gasta de mis impuestos en viajes, banquetes y guaruras en una reunión en Querétaro de todos los gobernadores del país con el señor presidente de la República.

Paso ahora a la tercera parte de esta plática, que se refiere a algunas proposiciones concretas para cambiar el estado actual de la investigación biomédica en México hoy, especialmente en las instituciones asistenciales. Es obvio que el cambio no puede producirse en forma radical, inmediata, de la noche a la mañana, y el próximo lunes encontrarnos con que todos los médicos de esta y otras redes de establecimientos hospitalarios nacionales están clamando por apoyo a programas de investigación sobre centenares de problemas de solución urgente. El problema es complejo y difícil, y no hay soluciones fáciles y rápidas para él; ni siquiera hay soluciones difíciles y lentas que garanticen un éxito aceptable en un plazo previsible. Lo único que puede proponerse son algunas acciones que tengan visos de ponernos en el camino de alcanzar, en un futuro lejano, ciertas metas modestas pero valiosas. Tales acciones deben cumplir con un principio inevitable: deben poderse hacer, hoy y aquí, en este México absurdo, irredento e imposible. A continuación me permito hacer algunas proposiciones basadas en mi experiencia personal, mis aspiraciones para mi país, y mis sueños más desenfrenados.

La primera es promover a la investigación biomédica como parte de la labor asistencial, incluyéndola dentro de las funciones obligatorias de todo el personal médico de nuestras instituciones y dándole valor en las promociones escalafonarias. Si algunos colegas piensan, con toda justicia, que les hacen falta conocimientos sobre diseño experimental, análisis estadístico, técnicas de evaluación de datos y otros instrumentos de trabajo, las instituciones deben proporcionar cursos sobre metodología científica con asistencia voluntaria pero pasando lista, para que al término de la instrucción no haya nadie que no posea los conocimientos elementales para ponerse a investigar algo. Claro que los profesores en estos cursos deben ser investigadores biomédicos experimentados, y no hay muchos de ésos en México, pero sí hay suficientes para empezar a trabajar hoy. Si los médicos de base y con años de servicio señalan que apenas si les alcanza el tiempo para cumplir con las obligaciones asistenciales que ya tienen, debe aumentarse el personal para darles la oportunidad a todos de participar en el aprendizaje primero, y en la investigación biomédica después. Desde luego, esta enseñanza pasaría a formar parte fundamental de las residencias de Medicina, Cirugía y Especialidades, de modo que muy pronto (digamos, dentro de 3 generaciones de residentes, o sea unos 10 años) se haya superado la etapa formativa inicial y la gran mayoría de los médicos jóvenes ya no requieran seguir asistiendo a los cursos de capacitación; los médicos viejos no seremos problema porque estaremos jubilados o muertos.

Mi segunda proposición es que, al mismo tiempo que se promueve en forma masiva la educación en la investigación biomédica, en cada centro hospitalario se establezca una División de Investigación, como existe también un Departamento Administrativo, uno de Consulta Externa o uno de Laboratorios Clínicos. Esta División de Investigación tendría como función *hacer* Investigación, y no como las actuales Jefaturas de Enseñanza e Investigación, que sirven para promover y administrar esas actividades, pero no para realizarlas. Nada enseña mejor que la práctica, y si vemos a alguien haciendo bien algo que queremos aprender, aprendemos más pronto y mejor. La División de Investigación tendría las puertas abiertas a todos los médicos de la institución que tuvieran interés en asomarse a ver qué están haciendo, a preguntar algo, a pedir ayuda para realizar algún proyecto, etc. La División de Investigación sería un promotor técnico de la especialidad, mientras que la Jefatura sería un vigilante administrativo; de esta manera no habría duplicación de funciones sino que más bien se complementarían.

¿De dónde van a salir los investigadores para establecer estas Divisiones de Investigación? Ésta es una buena pregunta, pero no es muy original; ya se la han estado haciendo varios grupos en México, como por ejemplo el Instituto de Investigaciones Biomédicas, de la UNAM, y algunos investigadores del Centro de Estudios Avanzados del IPN. Además, ambas instituciones tienen programa de educación y están formando investigadores que van a necesitar sitio para trabajar. Si ustedes invitaran a las autoridades de los institutos mencionados o a otros más, para discutir las posibilidades de establecer ligas más cercanas y aprovechar su capacidad profesional de investigación para estimular y promover la investigación en las instituciones hospitalarias, seguramente que surgirían nuevas ideas. Pero esto debe hacerse después de haber adquirido la convicción de que la investigación científica biomédica no es un adorno inútil sino una necesidad urgente en el país y una función y responsabilidad de todos y cada uno de los médicos. Así empecé esta plática, y creo que con esta reiteración debo terminarla.

11. LA INVESTIGACIÓN EN LA ENSEÑANZA DE LA MEDICINA[1]

I. INTRODUCCIÓN

Creo que todos los aquí reunidos estamos de acuerdo en una serie de premisas, que voy a enunciar como sigue:

A] La investigación es una de las dos funciones de las Instituciones de Enseñanza Superior. Por lo menos, casi todos los discursos que he oído pronunciar a muchos directores de escuelas y facultades de Medicina, en este país y en otros muchos, infaliblemente se refieren a la enseñanza y la investigación como sus actividades principales. Algunos han agregado que mientras la investigación puede hacerse sin enseñanza, lo opuesto es completamente inimaginable, o sea que la enseñanza sin investigación deja de serlo para transformarse en entrenamiento. Recordemos que se entrena a caballos, a perros o a pulgas vestidas, pero en cambio se educa a médicos.

B] Hay dos clases de investigación, la básica y la clínica. Éste fue el tema que me dieron para discutir ante ustedes, por lo que supongo que los organizadores piensan que la clasificación de las ciencias médicas en básicas y clínicas es válida. También lo he oído decir mucho en los distintos medios académicos en que me muevo, así que pienso que la opinión es generalizada. Para mí, la diferencia que menciono estriba simplemente en el animal utilizado para el experimento, y a nadie se le ocurre subclasificar a los investigadores básicos en ratólogos, ratonólogos, conejólogos, perrólogos, o hasta escherichiacólogos. Yo prefiero clasificar a la investigación en dos tipos: la buena y la mala, y olvidarme de esta última para siempre.

C] A pesar de la importancia que se le concede a la investigación en los discursos oficiales, la fracción presupuestal dedicada a ella (cuando existe) nunca es superior a la partida asignada al equipo de futbol, al departamento audiovisual, o a este renglón misterioso que nunca falta y que se denomina "Imprevistos".

D] Finalmente, quizá alguno de ustedes piense, en su fuero interno, que aunque es cierto que la investigación es muy importante en la enseñanza de la medicina, en su escuela (y en otras que seguramente conoce) la investigación no existe y sin embargo los muchachos no salen tan mal pre-

[1] Conferencia dictada en la Reunión de Directores de Escuelas y Facultades de Medicina, convocada por la Subsecretaría de Ciencia y Educación, en septiembre de 1976.

parados, son médicos como otros muchos, tan buenos o tan malos, incluso como los que salen de otras escuelas donde sí hay investigación, y hasta básica, con laboratorios, quimógrafos y jaulas para ratas. La inconsistencia aparente entre la primera premisa, que declaraba la gran importancia de la investigación para la educación del médico, y ésta, que reconoce que en ausencia de investigación de todos modos se prepara bien a los galenos, no debe asustarnos. El hombre es un animal inconsistente por naturaleza, y además no siempre actúa de acuerdo con lo que dice. Recordemos que todo mexicano que se respeta quiere mucho a su madrecita y defiende el amor materno como lo más puro que hay en la creación, aunque sólo se acuerde de ella (de la propia, y en términos elogiosos) una vez al año.

En vista de lo anterior, los invito a que reflexionemos un poco sobre los beneficios de la investigación en la educación médica. En forma rigurosamente cartesiana, procederemos utilizando la duda metódica, sin respetar ninguno de los preceptos que estamos dispuestos a defender en nuestros mejores discursos. Nuestro objetivo es cuestionar la importancia de la investigación en la enseñanza de la medicina, y si sale airosa de esta prueba, pues entonces nos habremos reafirmado en nuestro concepto; en cambio, si no resiste los embates de nuestro análisis, podremos reducir aún más la partida presupuestal que le ha venido tocando y aumentar la de "Imprevistos".

II. LA IMPORTANCIA DE LA IMPORTANCIA

La investigación es importante en la enseñanza de la medicina. ¿Por qué? ¿Qué queremos decir cuando señalamos que algo es "importante"? Por ejemplo: "Esta reunión es importante", puede significar que la reunión me interesa, o que sus resultados van a influir en el currículum de nuestras escuelas y facultades a partir del próximo curso, o que voy a aprender algo nuevo, o que me da oportunidad de venir gratis a la ciudad de México por una semana, etc. Lo que deseo señalar es que el término "importante" no posee contenido informacional, es la expresión de un sentimiento o emoción, cuyo significado no deseamos o no podemos expresar en ese momento. Cuando alguien nos dice: "Fulano escribió un libro muy importante", lo que puede querer decir es casi infinito: me gustó el libro, no lo entendí, no lo he leído, es muy caro, se está vendiendo mucho, tiene conceptos muy bien documentados, es ortodoxo, es heterodoxo, es grande, es chico, lo alaban los revisores, lo critican los revisores, etc. Casi daría lo mismo que nos dijeran: "Fulano escribió un libro muy waca waca." El término importante *parece* significar algo de valor, de influencia, de repercusión; el *Diccionario de la Real Academia Española* dice: "Que importa. Que es de importancia", y en relación con esta última cualidad señala: "Calidad de lo que importa, de lo que es muy conveniente o interesante, o de mucha entidad o consecuencia." De acuerdo con esto, en vez de decir: "La investigación es importante en la enseñanza de la medicina", podemos decir: "La investigación es muy conveniente o interesante, o de mucha entidad o consecuencia, en la enseñanza de la medicina" y nos habremos quedado exactamente igual que cuando comenzamos, porque aún no sabemos por qué. Preguntemos, pues, en forma un poco más específica: "¿Por qué es importante la investigación en la enseñanza de la medicina?" Aquí les van 4 respuestas, obtenidas en una encuesta que realicé personalmente hace algunos años entre estudiantes, profesores, directores, investigadores, médicos y un rector:

1] *"Todo médico debe ser científico, y la investigación enseña al médico el método científico."*
2] *"Necesitamos profesores de ciencias básicas para la facultad, y si éstos no son investigadores, entonces ¿qué son?*
3] *Mira, mano, sin investigación la ciencia no avanza, y entonces seguiríamos en la Edad de Piedra, ¿no crees?..."*
4] *"La investigación es una de las funciones principales de toda institución de Educación Superior, que debe generar, almacenar, y difundir la cultura, para beneficio del pueblo mexicano que la sostiene con sus esfuerzos y con sus impuestos..."*

Confieso que la primera respuesta es la única que me pareció congruente con la pregunta, pero fiel a nuestra postura cartesiana me he planteado el siguiente problema: ¿Por qué todo médico debe ser científico? ¿Qué secreto encierran los microscopios, los espectrofotómetros o los quimógrafos, que no puede ser revelado por experiencias menos abstrusas, menos alejadas del enfermo doliente, que espera en el consultorio o en la cama del hospital, que el médico lo alivie de sus males? ¿No nos habían dicho que la medicina es un Arte? ¿Para qué me sirve a mí saberme la fórmula química del ácido ascórbico o la ley de Starling del corazón? Además, uno de los médicos más famosos y más respetados de este siglo en México ha señalado que el médico se está deshumanizando, que está perdiendo su sentido clásico humanístico y se está transformando en un tecnólogo, que depende mucho más de las máquinas que de sus sentidos, y que esto lo aleja del enfermo como un ser humano y lo convierte en otra máquina más, o el apéndice de otra máquina. Razonando en esta vena, estoy tentado a concluir que lo que necesitamos en nuestras escuelas y facultades de medicina es menos ciencia, menos investigación y más humanismo, menos quimógrafos y más libros de Proust, o de Cervantes. ¡Muera la biología celular, y arriba el ojo clínico!

La caricatura expresada en las frases anteriores tiene por objeto señalar un hecho real, aunque en forma exagerada (como todas las caricaturas): existe un movimiento anticientífico en la medicina, o mejor dicho, el movimiento anticientífico ha alcanzado ya a la medicina. Nuestra función es escudriñar este movimiento en búsqueda de sus aspectos positivos, si es que los tiene. Regresemos a nuestra pregunta original, que se refería a la importancia de la investigación en la enseñanza de la medicina, pero reformulada ahora de la manera siguiente: ¿Cuál es el papel de la ciencia en la enseñanza de la medicina?

III. INTERMEZZO REALISTA

Conviene examinar el estado actual de la investigación en el seno de las instituciones de enseñanza médica en México. En primer lugar, sólo existe en unas cuantas; la gran mayoría no realizan actividades que pudieran clasificarse como investigación, aun usando la taxonomía primitiva ya mencionada, en básicas y clínicas. En las pocas escuelas de medicina donde sí se encuentra, la investigación está claramente separada del ejercicio profesional, del cuidado de los enfermos. Se trata de profesores de ciencias básicas, sobre todo de Fisiología y Bioquímica, que manejan laboratorios con equipos anticuados e insuficientes, y que en la inmensa mayoría de los casos se limitan a realizar unas cuantas "prácticas" con músculos o corazones de ranitas, o con la orina de pacientes diabéticos. Los estudiantes cuentan los días que les faltan para llegar a la clínica, donde realmente se inician en el estudio de la medicina. Al final de la carrera lo único que recuerdan de los profesores de ciencias básicas son algunas anécdotas chuscas que tienen más relación con lo grotesco de la experiencia que con los conceptos aprendidos, y absolutamente nada de la filosofía de la investigación y su utilidad en el ejercicio de la medicina.

No hace mucho, un buen amigo mío, que entonces era el director de una escuela de medicina de provincia, me invitó a visitarlo. Cuando llegué me mostró el nuevo edificio, los laboratorios y el equipo para los estudiantes (los inevitables laboratorios de mesas largas y altas, con las hileras de microscopios relucientes y los bancos de madera, sin respaldo y tan incómodos que garantizan dolor lumbar crónico al que los usa por más de 10 minutos) y después el laboratorio de investigación, donde incluso había un pequeño microscopio electrónico. Cuando le pregunté qué problemas estaban investigando me miró con desconfianza y cambiamos de tema; a los pocos minutos nos abandonó para atender asuntos de la dirección.

Hace ya unos 10 años me encontré en situación semejante en otra escuela de medicina de provincia, donde el director, amabilísimo, nos paseó por las entonces flamantes instalaciones para los alumnos; al regresar a la dirección observé una puerta cerrada con un gran letrero que decía "Laboratorios de Investigación". Pedí a mi anfitrión que me permitiera verlos y después de varios tropiezos ("casi no nos queda tiempo, ya nos están esperando en el restaurante; no aparece Don Pedrito, el encargado de las llaves...", etc.) se abrió la puerta y me encontré con un solo cuarto, completamente vacío. Finalmente, en una opulenta universidad del norte de México, me tocó visitar los laboratorios de investigación de la Facultad de Medicina de uno de los departamentos de ciencias básicas; mientras escuchaba las explicaciones de mis colegas investigadores, que por cierto eran muy interesantes, apoyé la mano en un espectrofotómetro y me di cuenta que tenía encima una capa de polvo de 1 cm de espesor...

En vez de multiplicar las experiencias, creo que conviene enfrentarse a la realidad tal como es: de las 53 escuelas de medicina que existen actualmente en el país, no hay más de 3 o 5 que pueden demostrar que realizan investigación. Esto no es lo más grave, sino que en ninguna (incluyendo a las muy pocas que sí la llevan a cabo) la investigación está relacionada o tiene algo que ver con la enseñanza de la medicina. Sólo de manera tan excepcional que califica de irrelevante, algún alumno aparece alguna vez en un Laboratorio de Investigación, y casi siempre es por error, ya que seguramente lo que buscaba era el baño. Cuando existen, los investigadores funcionan en la enseñanza de la medicina como profesores, dando clases y a veces algunas prácticas, haciendo exámenes y yendo a las cenas de fin de curso con los alumnos; cuando funcionan como investigadores lo hacen en ausencia de estudiantes, quizá con la rarísima excepción de uno o dos alumnos entusiastas que tienen interés en trabajar en el laboratorio, o que piensan que lambisconeando al profesor pueden aprobar la materia.

Hasta ahora me he referido casi exclusivamente a la investigación llamada "básica", porque de la investigación clínica en las escuelas de medicina hay todavía menos que decir, y mientras menos se diga mejor. A lo más que se llega es a reunir un modesto grupo de casos de algún padecimiento, o a participar en la prueba terapéutica de algún medicamento patrocinado por una compañía transnacional (casi siempre con un diseño tan absurdo que da una mezcla de risa y coraje) o a repetir algún procedimiento quirúrgico heroico introducido en otros países hace por lo menos 10 años, y que a nosotros apenas nos está llegando. Nada de esto es investigación, y aunque lo fuera, tampoco desempeña ningún papel en la enseñanza de la medicina. Y creo que podemos darle gracias a Dios de que así sean las cosas.

En resumen, en nuestras escuelas de Medicina mexicanas la investigación casi no existe y no participa absolutamente en nada en la enseñanza de la medicina. ¿De dónde hemos sacado que la ciencia es importante en la educcación del médico? ¿Por qué seguimos repitiendo esta frase si no creemos en ella, o por lo menos, si no actuamos como si creyéramos en ella? Podíamos optar por lo que, según mis lecturas e informes, se ha hecho en China con los llamados "médicos descalzos", que es capacitar a grandes números de personas a un nivel técnico de primer contacto, sin tanta palabrería sobre la investigación y la ciencia (algún amigo mío, un poco cínico, ha dicho que esto es lo que ya estamos haciendo desde hace tiempo, aunque todavía no hemos eliminado la demagogia) o bien podríamos intentar imitar, si es que esto es posible, a mi amigo Carlos Biro, que desde hace algunos años tiene su propia escuela de medicina, con él mismo como único profesor, y que proporciona una espléndida instrucción en primeros auxilios, campañas de salud y medicina de primer contacto a todos los que quieran asistir a sus clases.

IV. LA ENSEÑANZA DE LA MEDICINA

¿Cuál es el objetivo que la escuela de medicina desea alcanzar en el alumno cuando éste termina sus estudios de licenciatura? Muy fácil, dirán ustedes, el alumno debe ser médico. Pero esto es demasiado general, no es posible que sea neurocirujano, oftalmólogo, ginecólogo, dermatólogo, radiólogo, y todo lo demás al mismo tiempo; debe calificarse el objetivo y decir que debe ser médico general. Personalmente, creo que ésta es otra especialidad, tan profunda y complicada como las demás mencionadas, y por lo menos requiere una residencia de 3 años de posgrado. Entonces, ¿cuál es el objetivo de la escuela de medicina? Creo que podemos estar de acuerdo con algo un poco más modesto y que podría enunciarse como sigue: al completar sus estudios de medicina, el alumno debe estar en capacidad de distinguir con claridad los problemas que puede resolver de los que debe referir a colegas más capacitados o a centros con el personal y la capacidad para hacerlo. En otras palabras, debe poder funcionar como médico de primer contacto. Eso, si decide iniciar el ejercicio de su profesión de inmediato; si no, debe poder solicitar el examen para ingresar a la residencia rotatoria de posgrado, también considerada ahora como prerrequisito para optar por programas de residencia, con o sin especialidad y/o maestría reconocidas por la UNAM y otras instituciones educativas. Si su preparación es adecuada, debe poder aprobar este examen y continuar su educación. De modo que podemos agregar un nuevo objetivo al ya mencionado, que era funcionar como médico de primer contacto: se trata de poseer un requisito para ingresar a instituciones y programas de posgrado.

Si se examinan los programas de enseñanza de las ecuelas de medicina no sólo de México sino de muchas otras partes del mundo, nos encontraremos con que son listas de materias, que a su vez son listas de conocimientos, que a su vez son listas de hechos; por ejemplo, una materia infalible es Bioquímica, dentro de esta materia tampoco falta nunca (y menos ahora) Acidos Nucleicos, y entre los conocimientos relacionados con estas macromoléculas siempre encontramos Estructura del DNA; para tomar otro ejemplo, dentro de la materia de obstetricia está el tema Diagnóstico del Embarazo, y en éste nunca faltan las pruebas de Laboratorio. En muchos programas de enseñanza también se incluyen, además de las listas de materias, otras listas de habilidades técnicas, de capacitación manual y de los sentidos, que el nuevo médico debe haber adquirido al terminar su carrera; entre ellas están auscultar, examinar el fondo del ojo, palpar el hígado, debridar un absceso, puncionar el canal medular, etc. Combinando ambas listas, podemos decir que la enseñanza de la medicina se resume en la suma de dos elementos: conocimientos + habilidades técnicas.

Resumiendo lo anterior, los objetivos de las escuelas y facultades de medicina son dos: capacitar al estudiante para ejercer la medicina de primer contacto, o bien para continuar su educación de posgrado. Para alcanzar estos objetivos, el estudiante debe adquirir una serie de conocimientos y un grupo de habilidades técnicas. No creo que esta descripción esté muy alejada de la realidad, a pesar de que está demasiado simplificada, y temo que muchos de ustedes la aceptarían, quizá con modificaciones de detalle, como un reflejo esquemático pero correcto de la estructura de sus escuelas de medicina.

Habrán observado ustedes que en este resumen de los objetivos y el contenido de la enseñanza de la medicina no he mencionado a la investigación. Y es que si limitamos las actividades educativas de las escuelas y facultades de medicina a las señaladas arriba, la investigación no participa, no desempeña ningún papel, importante ni secundario, no sirve para nada. Ya puede haber en la escuela o facultad grandes laboratorios de investigación, llenos de equipo y pululando con sabios investigadores con muchos programas en desarrollo, con enormes donativos de CONACyT y de otras agencias promotoras de la ciencia. En una escuela cuyos objetivos son educar médicos de primer contacto y/o candidatos a residentes y especialistas, y cuyo contenido son conocimientos y habilidades técnicas, no hacen la menor falta. Por eso es que creo que muchas escuelas de medicina de México y de otros países pueden funcionar eficientemente a este nivel. Pero no es, ni de lejos, un nivel adecuado, que aproveche la enorme potencialidad de la medicina moderna, tanto como una ciencia biológica como una ciencia social, que se aleje de la época puramente empírica de la práctica y que contribuya no sólo a aliviar a unos cuantos enfermos, sino a promover la salud y el bienestar físico y mental de toda la sociedad. Esa medicina no tiene carácter universitario sino puramente técnico; no es una profesión, sino un oficio. Su función no es entender lo que está pasando sino resolver problemas individuales, una vez que se han presentado; como no es una ciencia, no contribuye al conocimiento sino que funciona como tecnología, que simplemente aplica la información obtenida a través de la ciencia.

La medicina que se enseña sin participación de la investigación insiste en que el alumno incorpore una serie de conocimientos y aprenda un grupo de habilidades técnicas para que haga cosas con los enfermos; por ejemplo, si el paciente tiene fiebre, fotofobia, dolor de cabeza, postración y una erupción eritematosa, debe hacerse hemocultivo y coprocultivo en búsqueda de salmonelas y administrar cloramfenicol o ampicilina. Gran parte de la medicina puede automatizarse de esta manera, al grado que no resulta imposible aceptar las sugestiones contemporáneas sobre la participación de computadoras en este tipo de medicina. De hecho, si analizamos muchos de los exámenes que los alumnos de distintas materias deben aprobar en las escuelas y facultades de medicina, nos encontramos que están diseñados para evaluar la cantidad de información que el estudiante ha logrado acumular durante el curso. Lo que se pregunta son hechos bien concretos, sea en forma de ensayo, de cuestionario de selección binaria o múltiple, o de correlación. El estudiante viene acostumbrado desde la primaria a estudiar para aprender, a incorporar conocimientos, a memorizar; cuando llega a la escuela de medicina se encuentra con lo mismo y su actitud pasiva en el aprendizaje se ve reforzada. Por eso pienso que el mejor estudiante de medicina es una grabadora; si le aprieto el botón en el momento adecuado, no sólo va a decir lo que yo le dije, sino que además me lo va a decir con mi misma voz. Naturalmente, mientras más se parece el alumno a una grabadora, mejor calificación obtendrá dentro de este sistema.

V. PAPEL DE LA INVESTIGACIÓN EN LA ENSEÑANZA DE LA MEDICINA

Creo que ya estamos preparados para contestar nuestra pregunta sobre el papel de la investigación en la enseñanza de la medicina, y es tan simple como que sirve para que el estudiante aprenda dos cosas: a usar y a producir información. Nada más y nada menos. Una persona informada no es una persona educada; la información que no cambia el comportamiento de un individuo simplemente lo adorna, y eso durante el brevísimo tiempo que la conserva en la memoria. Pero si la usa, si la incorpora como un elemento más de los que participan en su raciocinio y en sus motivaciones, entonces se transforma en un sujeto educado. El investigador que solamente acumula la información no es un investigador; podrá ser un sabio, pero nunca será mejor que una biblioteca o que una colección de cintas grabadas. El médico que sabe muchas cosas pero no las usa, sino que sigue las indicaciones de sus profesores, o de los agentes repartidores de muestras médicas, no ha sido educado; ha sido entrenado para mostrar distintas reacciones, más o menos estereotipadas, frente a diversos tipos de enfermos. Más que médico, es un practicante del vademécum.

He dicho que la investigación contribuye a la enseñanza de la medicina porque a través de ella el alumno aprende a usar la información, no sólo repetirla. Si el estudiante ha recibido una instrucción adecuada en la metodología científica, su reacción frente a un problema no será la de tratar de recordar qué decía el profesor fulano o el libro mengano en estos casos, sino que sobre la base de sus conocimientos tratará de formular con la mayor claridad los distintos aspectos del problema hasta comprenderlo mejor y proponer hipótesis alternativas, todas de carácter operacional, o sea que le permitan hacer algo para determinar cuál de sus hipótesis explica mejor los hechos. Esta actitud metódica e inquisitiva constituye la médula de la investigación, y aunque puede plantearse en forma más extensa y compleja, al final siempre se llega a lo mismo: al concepto hipotético-deductivo postulado por Pierce, Popper y Medawar. El médico entrenado en medicina sin el beneficio de la investigación va de un esquema memorizado a una acción correspondiente, mientras que aquel que ha sido educado bajo la influencia de la investigación va de un problema a una hipótesis y de ahí a una acción dirigida a probar la hipótesis. La diferencia central está en que este último ha usado su información para enfrentarse al problema, mientras que el primero ha reducido el problema a las imágenes que recuerda de los tiempos en que estuvo en las aulas.

También mencioné que a través de la investigación el estudiante aprende a producir información. Esto es casi inevitable, ya que el objetivo de la investigación es precisamente ése, crear nuevos conocimientos; cuando esto no ocurre, se debe a que no se estaba haciendo investigación, o se hizo mal. Pero si se hace bien, lo que resulta es algo nuevo. ¿Para qué necesita el médico crear nuevos conocimientos? ¿No será suficiente con que diagnostique bien a sus enfermos y les proporcione el mejor tratamiento posible? Si se trata de un técnico, de alguien que ejerce la medicina como un oficio, naturalmente que eso es suficiente. Pero si estamos hablando de un profesionista, entonces su función no se limita a ejercer la medicina en forma competente, sino que su trabajo adquiere otra dimensión, inevitable e inescapable: debe contribuir a aumentar los conocimientos médicos. Si él no lo hace, nadie lo va a hacer por él. Nuestra profesión vive gracias a lo que hemos aprendido sobre la historia natural de las enfermedades, sobre sus manifestaciones clínicas, sobre las contribuciones del laboratorio clínico al diagnóstico, sobre los efectos de muchísimas drogas, sobre anestesia y cirugía, sobre psiquiatría, etc. Y apenas está empezando; la medicina científica no tiene más de 300 años de haberse iniciado y todavía sabemos muy poco. Todos los médicos tenemos la responsabilidad de contribuir con nuevos conocimientos a la práctica de nuestra profesión; no importa que sean pequeños, y hasta intrascendentes en apariencia, mientras sean realmente nuevos. Si los médicos no lo hacemos, ¿quién lo va a hacer por nosotros?

VI. INVESTIGADORES E INVESTIGACIÓN EN LA ENSEÑANZA DE LA MEDICINA

Quiero terminar mis comentarios con una referencia a un problema práctico, surgido de lo que he dicho hasta ahora. Si he logrado convencerlos de que la investigación contribuye a la enseñanza de la medicina transformándola de un oficio en una profesión, ya que los alumnos aprenden a usar y a producir información, seguramente que todos ustedes desearán que sus escuelas y facultades funcionen como instituciones educativas de profesionistas y no de entrenamiento de técnicos. Pero para lograr esta transformación en todas y cada una de las 53 escuelas y facultades de medicina del país se necesita una inversión presupuestal muy elevada (hay que construir, montar y equipar laboratorios de ciencias básicas para investigación, contratar profesores-investigadores en cada una de estas disciplinas, así como técnicos y ayudantes, mantener los trabajos de investigación que se vayan desarrollando, etc.) que el país no está en condiciones de llevar a cabo, y además no hay suficientes investigadores en ciencias biomédicas básicas en México para crear una masa crítica mínima en cada una de las escuelas. Incidentalmente, mientras la ciencia en México siga teniendo que rehacerse cada sexenio, mientras no haya cierta continuidad en el esfuerzo, no será posible reclutar jóvenes capaces e interesados para aumentar las filas de los investigadores, ya que el espectáculo que ofrecemos los que nos dedicamos a esto es bien patético y no puede interesarle a mucha gente. Y mientras no exista una política decidida y valiente de descentralización de la ciencia en México, en vez de la tímida y hasta ridícula gesticulación que se estila en estos días, las posibilidades de atraer a los pocos científicos que trabajamos en esta ciudad monstruosa seguirán siendo nulas. Ante esto, algunos de ustedes pensarán que el problema no tiene solución rápida y fácil; ni siquiera la tiene lenta y difícil, si esperamos resolverlo de manera completa. Pero a pesar de mis 30 años de investigador científico en México, todavía soy optimista y pienso que podemos acercarnos poco a poco a una situación mejor que la actual; quizá la mejoría al principio no se note, y desde luego será difícil encontrar índices que convenzan a las autoridades de que el esfuerzo y el gasto valen la pena, sobre todo porque estaremos manejando entidades y situaciones no sujetas a un análisis económico. Pero mi proposición no debe ser cara, aunque seguramente costará algo, y creo que puede iniciarse de inmediato, a pesar de la insuficiencia aguda de investigadores que padecemos.

El modelo que deseo proponerles no se parece al que mencioné hace un momento, que requería la construcción de laboratorios de investigación, con equipo, investigadores, técnicos, mantenimiento y otras cosas más; ese modelo no representa la única alternativa, y ni siquiera es factible en países subdesarrollados. Sospecho que ese modelo surge por imitación de lo que conocemos y hemos visto en países desarrollados, pero ni siquiera en ellos podría construirse en un plazo relativamente breve, digamos unas dos generaciones. El modelo que quiero proponerles se parece mucho más a lo que ha hecho Carlos Biro en México, quien lo ha realizado sin dinero, con la tolerancia al principio y la incomprensión después, de las autoridades académicas, y sin la ayuda de nadie. Claro que aquí surge otra dificultad, mucho más difícil de vencer que la económica, y es que no hay más que un sólo Carlos Biro, no sólo en México sino en todo el Universo. Pero otra vez no debemos aspirar a la perfección, sino a salir del sitio lamentable en que nos encontramos; enunciando el objetivo en la forma más clara y simple posible, lo que deseamos es iniciar la transformación de nuestras escuelas de medicina, de fábricas de técnicos mediocres que ahora son, en instituciones de educación de profesionistas de la medicina.

Para los que no lo saben, Carlos Biro fue (y yo creo que sigue siendo) uno de los investigadores más brillantes que ha habido en México. Esta opinión, que ustedes podrían considerar parcial debido a que soy un buen amigo y admirador de Carlos, es compartida por casi todos los investigadores mexicanos y extranjeros que lo han conocido. Él *casi* se debe a que como hombre inteligente y de convicciones firmes, a veces ha tenido enfrentamientos con sujetos que no han sabido apreciar su capacidad y la rectitud de sus intenciones. Esta aclaración era necesaria porque un buen día, Carlos Biro anunció en una reunión de investigadores en la que yo estaba presente, que se iba a retirar de la inmunología, el campo de las ciencias biomédicas donde había hecho sus contribuciones más brillantes. Desde entonces (debe hacer unos 7 años de esto) ha perseguido las actividades que le indicó su conciencia con el mismo fervor y la misma intensidad que hasta ese momento había dedicado a los problemas inmunológicos que le había interesado. En lugar de relatarles su odisea, voy a limitarme al aspecto relevante al tema que nos ocupa, no sin antes sugerir a los organizadores de esta reunión que inviten a Carlos Biro para que les hable de ella, de sus ideas y de su posible aplicación dentro de la enseñanza de la medicina en México. Les garantizo una plática inolvidable, además de muy divertida, porque Carlos Biro exuda simpatía, grandes conocimientos, y una capacidad casi diabólica de penetración de los problemas.

Lo que hizo Carlos Biro fue abrir una escuela de medicina. Una escuela personal, completamente *sui generis*, sin reconocimiento académico, sin títulos, créditos, exámenes o calificaciones; sin profesores, materias, currículum, o grados; sin licenciatura, maestría ni doctorado; sin presupuestos, laboratorios, equipo, mozos, huelgas, rector, o policía. La escuela tenía tres elementos: alumnos, un profesor, y una filosofía. Y ha tenido un éxito tremendo, que yo atribuyo a dos de esos tres elementos mencionados: el profesor, y su filosofía. Del profesor ya he dicho algo, y aunque me siento tentado a decir mucho más resistiré la tentación y hablaré de su filosofía.

Carlos Biro razonó que debería existir un grupo de jóvenes motivados para funcionar como médicos de primer contacto que no querían someterse a un entrenamiento tedioso y prolongado, lleno de materias académicas inútiles, presentadas por profesores aburridos y adaptados al "sistema", cuya preocupación era únicamente la de replicarse, formando clonas de muchachos sometidos a las mismas demandas irracionales, pero económicamente convenientes, de una sociedad absurdamente injusta. Estableció contacto con ellos e inauguró su escuela; acudieron estudiantes de sociología, de antropología, de economía, de ciencias políticas, de psicología, y no pocos de medicina. En conferencias dictadas en un aula habilitada en el mismo edificio donde tiene su consultorio, y que deben ser una experiencia maravillosa, les explicó en forma simple y racional lo que debe hacerse con alguien que se siente enfermo, que necesita ayuda externa, comprensión y apoyo moral, autoridad y acción efectiva. Simultáneamente, llevó a cabo prácticas en Ciudad Netzahualcóyotl, enseñando a los alumnos técnicas de penetración social, de convivencia, de saneamiento del ambiente, de campañas de profilaxis de enfermedades infecciosas, de consejo nutricional y genético, de planeación familiar. Hablando con algunos de sus alumnos, me he maravillado de lo que puede lograr el talento humano en condiciones que hubieran desanimado al más valiente. Pero Carlos Biro nunca ha dejado de maravillarme; ésta es una de sus cualidades esenciales.

Ustedes estarán pensando ahora: "¿Y todo esto qué tiene que ver con la participación de la investigación en la medicina?" Mi respuesta a esta pregunta silenciosa es que Carlos no podía desempeñar esta labor al margen de sí mismo; Carlos es un investigador genotípico, la ciencia corre por sus venas, lo explica y lo justifica. Ante cada problema, frente a cada situación creada por las circunstancias ambientales, para contestar cada pregunta, el investigador en Carlos Biro asoma la cabeza; sus planteamientos y sus respuestas, sus comentarios y sus bromas, están todas teñidas por la filosofía del investigador, del sujeto que usa la información que posee para replantear el problema de manera que la respuesta proporcione no sólo la solución sino también el camino para obtener nuevos conocimientos. La escuela de Carlos Biro no está basada en el aprendizaje de datos y el desarrollo de técnicas, sino en el análisis riguroso de los hechos y la formulación de hipótesis que los expliquen. Lo que Carlos enseña no es una manera de comportarse sino una forma de pensar, un método de análisis, una postura frente a la realidad.

Me he referido a Carlos Biro y su experimento en forma extensa porque creo que representa una posibilidad viable para iniciar la transformación de nuestras escuelas y facultades de medicina por medio de la investigación. Lo que he estado diciendo es que los microscopios electrónicos y los cromatógrafos de gases no son indispensables; lo que se necesita es una postura crítica y analítica frente a la realidad. Si no tenemos suficientes investigadores profesionales de tiempo completo, la solución es hacernos cada uno un poquito investigador, adoptar esta postura, aceptar esta filosofía, y tratar de imbuirla en nuestros alumnos. La solución, ahora sí, somos todos. No podemos contratar a un grupo de expertos, crearles los laboratorios y las facilidades que necesitan para que, en el curso de varias generaciones, terminen por contaminar a todas nuestras escuelas con el espíritu de la investigación en la enseñanza y el ejercicio de la medicina. Pero sí podemos infectarnos de manera irreversible con esta filosofía, establecer cursillos para profesores, discutir el problema en reuniones de nuestro personal académico, contaminar a nuestros alumnos con la duda metódica, insistir en que los objetivos de la enseñanza no son la adquisición de la información y de ciertas técnicas manuales, sino aprender a usar y a producir conocimientos nuevos. Sólo de esta manera, en este México nuestro de hoy, podremos iniciar la transformación de nuestras escuelas y facultades de medicina, de fábricas de técnicos, en semilleros de profesionistas.

12. SALUD PARA TODOS[1]

Notas sobre el libro *La salud de los mexicanos y la medicina en México*, de Jesús Kumate, Luis Cañedo y Oscar Pedrotta.

Desde un punto de vista simple los objetivos de la Medicina son dos: conservar la salud y combatir la enfermedad. Las actividades dirigidas a alcanzar el primer objetivo, la conservación de la salud, se conocen como preventivas o profilácticas, mientras que las conducentes a cumplir con el segundo son curativas o terapéuticas. Hasta la venerable Real Academia Española está de acuerdo con esta duplicidad de las metas médicas, en vista de que en su *Diccionario de la Lengua Española* la Medicina se define como *"Ciencia y arte de precaver y curar las enfermedades del cuerpo humano"*. Las tareas profilácticas del médico no se han facilitado con la definición de salud propuesta por la Organización Mundial de la Salud, que la considera no sólo la ausencia de enfermedad sino el "estado de completo bienestar físico, psíquico y social"; ¡Bastante tienen que batallar los médicos con los problemas físicos y psíquicos de sanos y enfermos, para que encima se les agregue la "menuda" responsabilidad del bienestar social! Por otro lado, la Medicina terapéutica es todavía muy joven, apenas si tiene unos 300 años de haberse iniciado sobre bases científicas y pese a los grandes descubrimientos básicos y a los avances tecnológicos, aún le falta mucho por aprender para cumplir en todos los casos con su objetivo de "precaver y curar las enfermedades del cuerpo humano".

En la mayor parte de los países occidentales la Medicina se ha desarrollado principalmente como una actividad curativa, de

---

[1] Este ensayo fue enviado a los editores de la revista *Nexos*, con la esperanza de que lo publicaran; sin embargo, fue rechazado porque era "demasiado elogioso", y uno de los autores del libro forma parte del cuerpo de editores de la revista. En cambio, después de algunos meses fue aceptado por *Ciencia y Desarrollo*, donde apareció en *22:* (no. 28): 171-174, 1979

carácter individual; la estructura de los programas de educación médica, tanto de pregrado como de posgrado, la organización y el crecimiento de las instituciones hospitalarias asistenciales, tanto públicas como privadas, y hasta el desarrollo de las industrias químico-farmacéuticas, tanto nacionales como transnacionales, revelan con claridad que el énfasis ha sido en la terapéutica, en el tratamiento de las enfermedades una vez que éstas se han establecido. Se acepta (¡y más no vale!) al enfermo como un hecho consumado, como algo que fatalmente existe, y se prepara toda la maquinaria de médicos, personal paramédico, laboratorios, hospitales, quirófanos, equipo y tecnología, para intentar curarlo y devolverle a un estado de "bienestar completo físico, psíquico y social".

Este carácter primariamente terapéutico de la Medicina se observa por igual, aunque con distintos niveles cuantitativos y hasta cualitativos, en países occidentales desarrollados y subdesarrollados, y se ha interpretado como consecuencia de la estructura política democrática o liberal y de la organización económica capitalista o de libre mercado. El resultado es que en los países desarrollados (como los Estados Unidos, Inglaterra, Francia o Alemania) la medicina curativa es accesible a la gran mayoría de la población, sea a través del ejercicio privado o de servicios nacionales de salud, mientras que en los países subdesarrollados sólo llega a un sector minoritario y el resto de los ciudadanos (cuyas condiciones socioeconómicas y nivel general de vida definen al país como subdesarrollado) no disfrutan de sus beneficios.

Estos dos aspectos de la Medicina, la profilaxis y la terapéutica, no son excluyentes sino complementarios. Hay muchas enfermedades cuyas causas y mecanismos se conocen, y una gran parte de ellas dependen de la interacción entre factores ambientales y el hombre; en estos casos la prevención no sólo es posible sino que hasta puede alcanzarse la erradicación. Un buen ejemplo de las primeras es el sarampión, para el que existe una vacuna que confiere un elevado grado de protección (80%); un ejemplo de la segunda es la rabia, que con medidas adecuadas de control de los animales vectores puede erradicarse por completo, como se ha hecho en Inglaterra desde hace

varias décadas. La profilaxis eficiente se basa en dos factores
indispensables, *sine qua non:* a] el conocimiento científico de
la etiología (la o las causas) y de la patogenia (el o los mecanismos) de la enfermedad, y b] un nivel de desarrollo político y
económico de la comunidad que garantice el interés de las
autoridades, los recursos necesarios y las condiciones que
permitan la aplicación generalizada, y por todo el tiempo
requerido, de las medidas derivadas del conocimiento mencionado. Cabe recalcar que la información no requiere ser
completa para permitir campañas eficientes de control o de
erradicación de diferentes enfermedades; basta que se conozcan
puntos críticos en la biología o historia natural de los diferentes padecimientos, que permiten actuar a nivel de alguna coyuntura vital para la existencia y/o mantenimiento del estado patológico. Un buen ejemplo es la amibiasis, padecimiento endémico
en México con una morbilidad colosal (se dice que hay más de
9 millones de sujetos parasitados en este país), en el que se ignoran muchos aspectos básicos de la interacción huésped-parásito;
sin embargo, se sabe algo que permitiría romper el ciclo biológico del parásito y erradicar o disminuir la frecuencia de la amibiasis a un nivel mínimo. Este algo es que la contaminación se
lleva a cabo por fecalismo, o sea que la responsabilidad del
contagio recae por completo en los malos hábitos de higiene de
los enfermos o portadores del parásito, o en el uso de aguas
contaminadas para la preparación de alimentos. Con sólo conseguir que la población adquiera el hábito de lavarse las manos
después de evacuar el intestino, que se evitara la contaminación
del agua potable con aguas negras, y que verduras y otros alimentos no se lavaran con agua contaminada, la morbilidad de
la amibiasis disminuiría en forma dramática. Por desgracia, aunque en este caso se posee el conocimiento científico necesario,
México no parece estar en condiciones de aplicarlo en una escala
significativa debido al subdesarrollo económico y social de grandes sectores marginados de la población. Queda entonces el recurso de la medicina terapéutica, cuyo uso eficiente también depende
de la coexistencia de los dos mismos factores señalados para la
profilaxis, o sea el conocimiento científico y la cobertura de
toda la población. Usando otra vez el ejemplo de la amibiasis,

la situación se repite, pues aunque se poseen los medios para el diagnóstico precoz y el tratamiento adecuado, y éstos se aplican en la inmensa mayoría de los casos individuales que acuden en busca de ayuda a las instituciones asistenciales, éstas solamente cubren a un 40% de los mexicanos; además, muchos pacientes curados de amibiasis regresan, después de haber sido dados de alta, al ambiente contaminado crónicamente de donde provenían, con lo que vuelven a quedar expuestos a nuevas infecciones.

Pero ésta no es toda la historia, en vista de que para muchas otras enfermedades, sobre todo las llamadas degenerativas, como las neoplasias o ciertos padecimientos cardiovasculares, la posibilidad de hacer profilaxis es prácticamente nula pues no se cumple con el primer requisito, o sea que no se posee el conocimiento necesario para evitarlas. En estos casos el único recurso (no muy bueno, por cierto) es la Medicina terapéutica, que ahora se enfrenta no sólo a los problemas derivados de la cobertura incompleta de la población, sino además a la falta de medidas curativas dirigidas a eliminar la causa o causas del padecimiento, ya que éstas se desconocen, y echa mano de tratamientos sintomáticos o de "sostén general", cuya eficiencia es con frecuencia menos que óptima, para decirlo caritativamente.

De manera que existen dos Medicinas, o mejor dicho, dos objetivos distintos pero complementarios en la Medicina, ambos basados en el conocimiento científico y ambos necesitados para cumplirse en forma eficiente, de su aplicación general a toda la comunidad: uno es la preservación de la salud y el otro es la curación de la enfermedad. No es concebible que en un grupo de población se alcance un objetivo y se suprima, o se minimice en forma permanente, al otro. En los países occidentales desarrollados la medicina preventiva se lleva a cabo, en gran parte, en forma automática, gracias al saneamiento del ambiente, las condiciones higiénicas (agua, drenaje, habitación), la buena alimentación y las campañas de vacunación; por otro lado, la medicina terapéutica posee niveles de excelencia que son modelo para muchas otras partes del mundo. En algunos países socialistas (como Cuba, por ejemplo) el gobierno ha desarrollado una campaña de medicina preventiva con gran éxito, ya que ha eliminado un buen número de las enfermedades y causas de muerte suceptibles de este tipo de control, pero no ha sido sino hasta recientemente que se ha empezado a insistir en los programas asistenciales de tipo terapéutico y su nivel aún deja que desear en muchos campos. ¿Cuál es la situación en México?

La respuesta a esta pregunta (y a muchas otras cosas más) es el libro de Jesús Kumate, Luis Cañedo y Oscar Pedrotta, *La salud de los mexicanos y la medicina en México*, publicado por el Colegio Nacional en 1977. En la Presentación, los autores dicen:

> Este libro es un intento de describir y conjugar los distintos factores causales que actúan sobre la salud de los mexicanos, a la vez que analizar las características más sobresalientes que han ido moldeando la práctica de la medicina y de las instituciones de salud.

A continuación siguen 482 páginas desbordantes de información, tablas, gráficas, esquemas, cifras y comentarios (valientes, agudos) sobre aspectos tan diversos como historia, marginalidad, crecimiento demográfico, alimentación, comercialización, ingresos, causas de mortalidad, programas de enseñanza, instituciones médicas, investigación biomédica, industria químico-farmacéuticas, etc. Los autores dicen que originalmente tenían un plan diferente, pero que la falta de material para cubrir algunos temas fundamentales los hizo "volcar el esfuerzo hacia una meta distinta, mucho menos ambiciosa...". El lector debe felicitarse de esa decisión, pues de otro modo los autores ¡hubieran escrito una enciclopedia de varios tomos! Ojalá que lo hagan, pues como está, el volumen representa una contribución valiosísima al conocimiento de la medicina en México, por las siguientes razones:

1] Es *única*, ya que no existe ninguna otra obra que se le aproxime en estructura, originalidad y extensión de contenido, claridad de exposición e independencia de juicios.
2] Es *científica*, pues documenta con abundancia cada una de las aseveraciones, utilizando para ello cifras y estadísticas cuidadosamente analizadas, evitando al mismo tiempo la demagogia o las anécdotas parciales.
3] Es *crítica*, sin caer en el pesimismo plañidero y evitando en todo momento la presentación ambigua o favorable de situaciones dramáticas.

4] Es *constructiva*, porque en cada sitio donde es relevante contiene sugestiones positivas que, de tomarse en cuenta por los responsables, iniciarían la corrección de los problemas señalados.

5] Es *valiente*, en vista de que señala sin ambigüedades numerosas áreas donde el estado actual de las cosas obedece a errores de política, a complacencia de autoridades y hasta a afanes desmedidos de lucro.

El plan del libro señala sus alcances: está dividido en tres partes, la primera dedicada al análisis de los factores socioeconómicos determinantes de las enfermedades más frecuentes en México (historia, demografía, marginalidad, alimentación, desarrollo de la Medicina); la segunda es un análisis de esas enfermedades, que incluye una valiosa sección sobre las fuentes de información y sus problemas; la tercera se refiere a ciertos factores condicionantes de la práctica médica, como son las instituciones, la educación, la investigación y la industria químico-farmacéutica. La mera enumeración del contenido no hace justicia al detalle con que cada sección está tratada, la mesura con que se analizan los datos y la seriedad de las conclusiones. Esto no quiere decir que Kumate, Cañedo y Pedrotta estén exentos de emociones, y a veces hasta de coraje; en un pasaje memorable, que ocurre en la p. 154, durante la extensa y excelente discusión del problema de la alimentación como factor determinante de enfermedades en México, los autores comentan que dentro de las soluciones oficiales siempre se incluyen campañas de educación a través de los medios masivos de comunicación:

La dramática gravedad que tiene en México el problema de alimentación de la población impone revisar con realismo la forma de analizar el tema y las actividades. Se habla de los medios masivos de comunicación: ¿a qué se refieren? ¿a un periódico, cuyo precio supera el ingreso promedio diario de algunos sectores de la población rural, que por otra parte no sabría leerlo? ¿o a la televisión? ¿de qué país se está hablando? Pareciera que los campesinos, que tienen el triste privilegio de constituir el grueso de los que padecen hambre en México, hasta cuando se trata de actividades para combatirla, son olvidados.

Y en la p. 155, verdaderamente enojados con la disparidad entre la magnitud de la tragedia del hombre y lo pueril de la insistencia en la educación como "la más importante de las actividades contra la desnutrición en México...", señalan:

> Es absurdo educar para que el pueblo coma mejor, cuando el problema es que no tiene comida. No hay incidencia significativa de factores culturales o educacionales en materia de alimentación; gran parte de la población ni produce ni puede comprar lo necesario para alimentarse adecuadamente. Así de sencillo. El resto, es solamente crear cortinas de humo frente a una cuestión que por su urgencia y gravedad no lo admite.

Es difícil resistir la tentación de seguir citando a los autores, en vista de que la inmensa mayoría de sus párrafos no sólo están muy bien escritos sino que contienen verdades tan fundamentales y tan palpables como las anteriores; de hecho, mi ejemplar del libro de Kumate, Cañedo y Pedrotta está repleto de subrayados, admiraciones y ¡bravos! escritos al margen, que fui incluyendo durante las dos veces que lo he leído completo. Pero conviene resistir la tentación porque aún quedan dos aspectos del libro que requieren comentario: uno es la postura filosófica de los autores frente a los problemas de salud de los mexicanos, y el otro es el destino del volumen.

Kumate, Cañedo y Pedrotta no son observadores imparciales del teatro de la medicina en México; por el contrario, la contemplan a través de un cristal con un color bien definido, con una filosofía que no ocultan pero que tampoco expresan en forma específica. Su postura puede reconstruirse a partir de sus juicios, emitidos sin subterfugios y abiertamente en muchas partes distintas del libro, de la manera siguiente: la patología predominante en México, corresponde a la de un país pobre y subdesarrollado, mientras que su medicina ha seguido y sigue los patrones de orientación de los países ricos y desarrollados; esto es un error, que se refleja en muchos aspectos de la práctica médica pero que en forma más dramática se aprecia cuando se determina la influencia de la medicina en los problemas de salud del pueblo mexicano, que es escasa o nula. El errror debe y puede corregirse, cambiando la orientación de la Medicina de predominantemente curativa en predominantemente preventiva. En ningún momento los autores predican la disminución en la calidad de la medicina, el abaratamiento de los programas educativos o la popularización de la enseñanza y la práctica médicas; de hecho, algunos de sus mejores párrafos están dedicados a analizar los problemas de la disminución en la calidad de la enseñanza por la sobrepoblación estudiantil, y a la conveniencia de los programas de educación de posgrado. Lo que desean es un mayor énfasis en la medicina profiláctica, en la salud pública, en la investigación en problemas de salud que afectan a los mexicanos, en la aplicación de recursos a la medicina comunitaria, en la incorporación del 60% de marginados a los beneficios de la medicina moderna. Por encima de todo, los autores reclaman que la salud debe ser uno de los valores prioritarios en México, y que las inversiones en ella deben ser planeadas no sólo como conducentes a su preservación sino también como primarias en los campos "...de la productividad y de la dignidad de la vida del mexicano".

¿Cuál es el destino del libro de Kumate, Cañedo y Pedrotta? Cuando tuve en mis manos el primer ejemplar leí en el colofón que el tiro fue de 1 000 ejemplares; en el texto, los autores señalan que en 1974 existían 54 000 médicos en el país, que al principio de las décadas de los ochentas habrá 70 000 profesionales de la medicina, mientras en la Facultad de Medicina de la UNAM hay aproximadamente 30 000 alumnos inscritos y terminan la carrera unos 8 000. Con estas cifras el público *médico* que debería conocer la información encerrada en las páginas de este libro de Kumate, Cañedo y Pedrotta puede calcularse, sin exageraciones o errores graves, en unas 100 000 personas. ¡Pero sólo se imprimieron 1 000 ejemplares! Quiero creer que esto fue un error, debido en parte a restricciones económicas y en parte a la modestia tradicional de los autores, a quienes conozco personalmente y admiro por muchas razones. Pero la desproporción entre el número de ejemplares impresos y el de lectores potenciales es de ¡dos órdenes de magnitud! Enfrentado a esta disparidad casi irracional, y cautivado por los muchos valores positivos del libro, decidí hacer un experimento: recomendé en términos casi perentorios su adquisición y estudio a mis alumnos de la Facultad de Medicina de la UNAM. Mi cátedra es Introducción a la Patología y representa el primer contacto sistematizado de los estudiantes con la enfermedad en la carrera de Medicina; por razones logísticas, yo sólo tengo acceso a 120 alumnos (divididos en 2 grupos de 60 estudiantes cada cuatrimestre, de los que sólo hay dos al año) cada año, y mi recomendación fue dirigida verbalmente a 43 estudiantes. Al cabo de 2 semanas pedí a mis alumnos que indicaran levantando la mano cuántos habían adquirido (*no* leído) el libro de Kumate, Cañedo y Pedrotta: tres. ¡TRES! Estupefacto, pregunté a los muchachos si el problema era económico (el libro cuesta M.N. $ 300.00, que es un regalo increíble; comparado con lo que cuestan otros libros hoy día...), de tiempo, de distribución, o de otros factores. La respuesta promedio fue que yo sólo lo había recomendado como lectura complementaria, no como libro de texto, y por lo tanto habían retrasado (¿cancelado?) su adquisición. No quiero contaminar esta revisión del volumen de Kumate, Cañedo y Pedrotta con problemas de la enseñanza de la medicina en México, de la preparación de los estudiantes, de la relevancia de la información que se les presenta y del papel de los profesores en la educación de los futuros médicos de México. Pero el resultado de mi experimento tiene que ver con el destino del libro, que corre el peligro de pasar inadvertido, de no aprovecharse como punto de partida para despertar la conciencia de estudiantes, médicos y personal paramédico, así como de los funcionarios conectados con los problemas de salud del pueblo mexicano. En mi opinión, deben encontrarse los canales y los mecanismos para lograr su difusión: quizá la Facultad de Medicina debería patrocinar la edición de varios miles de ejemplares y distribuirlos a precio económico o hasta gratis, entre estudiantes y profesores; las instituciones asistenciales, como el IMSS, el ISSSTE y la SSA podrían hacer otro tanto entre sus médicos; la SEP, por medio de la Subsecretaría de Ciencia y Tecnología, podría distribuir el libro en todas las escuelas y facultades de provincia; el CONACyT, a través del Programa Nacional de Salud, debería participar también apoyando económicamente la difusión del libro, comentándolo en sus programas de televisión, organizando simposia sobre diferentes partes de su contenido, etc.

Un programa de este tipo no puede costar mucho dinero, y las cantidades se vuelven irrelevantes cuando se considera el inmenso beneficio que puede lograrse. No hay nada más valioso que el conocimiento, y el libro de Kumate, Cañedo y Pedrotta está repleto de información que no se encuentra junta en ningún otro lado, está lleno de observaciones valiosísimas y de pensamientos profundos, de verdades desgarradoras y de acusaciones candentes. Como instrumento para inspirar en los estudiantes de medicina la dedicación a trabajar en la realidad de México, para informarlos de esta realidad y para completar su educación, no sólo como médicos sino como miembros de la comunidad mexicana, este libro no sólo es excelente sino que además es el único que existe. No aprovecharlo no sólo sería una lástima, sino que sería criminal.

En lo que va de este sexenio hemos estado expuestos a diferentes frases que sintetizan la preocupación del régimen por empresas específicas, tales como "Deporte Para Todos" o "Educación Para Todos". No pierdo las esperanzas de encontrarme un buen día con que México está inundado de la frase "Salud Para Todos", y que uniendo la acción a las palabras, el gobierno inicie una campaña vigorosa para mejorar la salud del pueblo mexicano. Una de las acciones que podrían implementarse a partir de mañana es la difusión del libro de Kumate, Cañedo y Pedrotta. Estos autores han hecho ya su parte y la han hecho admirablemente bien. Ojalá que la parte que corresponde a las autoridades competentes sea digna del esfuerzo, de la valentía y de la calidad de *La salud de los mexicanos y la medicina en México*.

texto compuesto en century 11/13
impreso en national print, s.a.
san andrés atoto 12 - naucalpan de juárez
53500 edo. de méxico
un mil ejemplares y sobrantes para reposición
22 de octubre de 1990

LA SALUD DESIGUAL EN MÉXICO

Daniel López Acuña

Una de las tareas más urgentes y todavía poco definidas dentro de la lucha por la salud en México es la de conocer, investigar y ampliar el territorio específico de una política sanitaria que pueda ofrecerse como alternativa a las disposiciones dominantes en materia de salud y se caracterice por su realismo y su capacidad de traducirse en planteamientos concretos.

En el material que se presenta en este libro sobre política y salud ha habido una intención doble: primero, proponer que el discurso crítico sobre la salud se incorpore al vasto campo de la cultura política, especialmente a partir de la socialización o democratización del secreto médico y sanitario y, segundo, ubicar y documentar el proceso salud-enfermedad y la organización de las instituciones sanitario-asistenciales como escenarios de la lucha social, política e ideológica. Sólo el lector, al final de la obra, podrá evaluar el cumplimiento de los propósitos.

LA REVOLUCIÓN EPIDEMIOLÓGICA Y LA MEDICINA SOCIAL

Milton Terris

La producción científica en las áreas de la epidemiología y la medicina social ha tenido en los últimos cincuenta años un crecimiento vertiginoso. Dentro de esta producción, en el campo de la medicina social en los Estados Unidos son escasas las corrientes que superan el discurso dominante e introducen alternativas que contemplen la raíz económica y social de los hechos de la salud, así como las implicaciones políticas presentes en la forma de organización que se adopta para enfrentar los daños.

La obra de Milton Terris ocupa un lugar destacado por la universalidad de sus planteamientos, por las profundas raíces históricas y sociales a partir de las cuales construye sus contenidos teóricos y por la forma en que conjuga esta visión amplia de los hechos con los métodos científicos de disciplinas como la epidemiología y la organización de servicios de salud.

En la actualidad Milton Terris es jefe del Departamento de Medicina Preventiva y Comunitaria del New York Medical College y presidente del Comité de Planeación de los Cursos de Epidemiología para graduados. Desde 1967 es director del Banco de Ejercicios Epidemiológicos, fundado por él, y hasta 1975 presidió el Comité de Medicina y Sociedad en la Academia de Medicina de Nueva York.

Ignacio Almada Bay y Daniel López Acuña, coordinadores de la colección "Salud y Sociedad", han compilado esta serie de ensayos para ilustrar el sentido general de la obra de Milton Terris y el significado que su aplicación tiene en nuestro medio.

salud
y
sociedad

DIRIGIDA POR DANIEL LÓPEZ ACUÑA
E IGNACIO ALMADA BAY

A MI ESPOSA